现代机器人学基础与控制研究

江洁 著

中国水利水电出版社
www.waterpub.com.cn
·北京·

内 容 提 要

基于机器人应用发展的需要,本书对现代机器人学的理论与控制进行了系统的探究。本书以机器人学的相关理论为基础,详细论述了机器人的控制方法,对机器人现代控制技术进行了解构,向读者呈现出了更加直观的机器人控制技术。本书的一大亮点就是理论与应用相结合,不仅详细阐述了机器人的感知系统、驱动控制、操作臂控制与视觉控制等具体的控制理论,而且还对不同领域中的机器人的具体应用进行了相关探究。

本书可供高校机器人相关专业学习与阅读,也可供机器人爱好者参考与使用。

图书在版编目(CIP)数据

现代机器人学基础与控制研究/江洁著. -- 北京：
中国水利水电出版社,2018.3(2022.9重印)
 ISBN 978-7-5170-6355-1

 Ⅰ.①现… Ⅱ.①江… Ⅲ.①机器人学-研究 Ⅳ.
①TP24

中国版本图书馆 CIP 数据核字(2018)第 051929 号

责任编辑：陈 洁　　　封面设计：王 伟

书　　名	现代机器人学基础与控制研究 XIANDAI JIQIRENXUE JICHU YU KONGZHI YANJIU
作　　者	江洁　著
出版发行	中国水利水电出版社 (北京市海淀区玉渊潭南路 1 号 D 座　100038) 网址：www.waterpub.com.cn E-mail：mchannel@263.net(万水) 　　　　sales@mwr.gov.cn 电话：(010)68545888(营销中心)、82562819(万水)
经　　售	全国各地新华书店和相关出版物销售网点
排　　版	北京万水电子信息有限公司
印　　刷	天津光之彩印刷有限公司
规　　格	170mm×240mm　16 开本　13.25 印张　234 千字
版　　次	2018年3月第1版　2022年9月第2次印刷
印　　数	2001-3001册
定　　价	53.00 元

凡购买我社图书,如有缺页、倒页、脱页的,本社营销中心负责调换

前　言

　　现代控制技术不断的发展为很多学科的研究提供了新的可能性，其中就包括了关于机器人的研究。以前，大多数的工作都是需要人力完成的，但是，随着人类进入 21 世纪，机器人取代人工已经成为可能，这不仅在一定程度上提高了社会劳动生产率，而且还方便了人们的日常生活，这其中就有机器人科学家以及研究者为此做出的突出贡献。更重要的是，机器人的到来还开辟了一些人所不能亲自完成的事业，比如登录月球。在机器人不断发展的过程中，一门新兴的学科诞生了，该学科就是机器人学，机器人学虽然仅仅只有几十年的历史，但是，它也在曲折发展中取得了许多可喜的成果。目前，全世界有大量的机器人被应用在人们的工作与生活中，在可预见的将来，机器人技术一定能够发展成为一个非常有前景的产业。机器人不仅在人们日常生活中发挥着作用，而且还对国民经济的发展有一定的影响力，因此，面对当今世界经济的严峻挑战，机器人学应该为更多的人所重视。

　　在西方发达国家，工业机器人的理论不仅成熟，其应用也得到了广泛的推广，尤其是关于机器人控制的研究，机器人控制是一项融合了多种学科的技术，它不仅囊括了计算机技术，而且还包括了自动控制技术等学科的内容。基于计算机科学与人工智能等理论的发展，在机器人控制的研究中，控制方法于技术等内容越来越重要，成为解决当前机器人问题的一剂良药。因为机器人控制涉及了多种学科，其控制策略已经在其应用中显示出了较大的现实意义，尤其是当前智能机器人控制研究的火热发展，使得自适应控制、鲁棒控制等都得到了前所未有的发展。

　　虽然中国的机器人研究曾经出现了一些不景气的情况，但是，最近已经有了复苏之势，因为机器人的应用得到了大力的推广，随之也带来了研究界的研究风潮，一系列关于机器人学与控制的著作相继出版，为机器人研究的发展做出了不小的贡献。其中，作者结合自己丰富的教学经验以及前人研究的基础上凝聚而成的本书就是研究浪潮中的一颗宝石，推动着机器人研究的不断进步与发展。本书提出了关于机器人学起源、发展以及研究的相关思考，同时对机器人控制的方法与技术也进行了具体的探究，最重要的是，本书还立足实践，对机器人的应用问题也进行了必要的分析与探讨。本书指明了机器人学研究的发展方向，明确了机器人的发展目标，给出了机器人应用的发展方向，相信在本书的指导下，中国的机器人学与控制研究事业必定会迎来一个辉煌的明天。

本书内容丰富又很全面，不仅对机器人学与控制的基础相关理论进行了系统性的研究，而且还在借鉴众多研究成果的前提下汇聚成了一套关于机器人学与控制的基础研究体系，该研究体系既有理论研究，也有应用分析，既揭示了机器人学的研究现状与发展方向，也介绍了机器人控制的技术与方法，从该层面来说，本书的确内容丰富又全面。当然，该体系并不能完全反映机器人研究领域的所有成果，只是将所有的重点放在控制方面，但让仍然希望本书能够为机器人学与控制的相关研究人员提供参考。

本书最大的一个亮点就是对机器人应用领域的探讨。机器人学与控制的理论性研究最终还是要通过实践的检验，本书在结合理论研究的基础上，对工业机器人、仿生机器人、医用机器人以及家用机器人的相关应用进行了具体的剖析，这同样是本书的创新所在。

机器人学与控制研究的路还很长，本书的研究如果能为机器人整体性的研究做出一份贡献那就再好不过了。由于作者水平有限，书中的诸多观点可能会存在一些不当之处，恳请各位专家批评指正。

作者

2017 年 12 月

Contents 目 录

第一章　机器人学概述

"机器人"已是家喻户晓的"大明星",它正在迅速崛起,并对整个工业生产、太空和海洋探索以及人类生活的各方面产生越来越大的影响。在机器人的不断发展中逐渐形成了一门学科,这就是机器人学,它综合了机械学、电子学、计算机科学、自动控制工程、人工智能、仿生学等多个学科的最新研究成果,代表了机电一体化的最高成就,是当今世界科学技术发展最活跃的领域之一。

第一节　机器人学的起源与发展

进入近代之后,人类关于发明各种机械工具和动力机器,协助甚至代替人们从事各种体力劳动的梦想更加强烈。18世纪发明的蒸汽机开辟了利用机器动力代替人力的新纪元。随着动力机器的发明,出现了第一次工业和科学革命,各种自动机器、动力机和动力系统相继问世,机器人也开始由幻想时期转入自动机械时期,各种精巧的机器人玩具和工艺品应运而生。这些机器人玩具和工艺品的出现,标志着人类在机器人从梦想到现实这一漫长道路上,前进了一大步。进入20世纪之后,机器人已躁动于人类社会和经济的母胎之中,人们含有几分不安地期待着它的诞生。他们不知道即将问世的机器人将是个宠儿,还是个怪物。1920年,捷克剧作家卡雷尔·凯培克在他的幻想情节剧《罗萨姆的万能机器人》中,第一次提出了"机器人"这个名词。1950年,美国著名科学幻想小说家阿西摩夫在他的小说《我是机器人》中,提出了有名的"机器人三守则":

(1) 机器人必须不危害人类,也不允许它眼看人将受害而袖手旁观;

(2) 机器人必须绝对服从于人类,除非这种服从有害于人类;

(3) 机器人必须保护自身不受伤害,除非为了保护人类或者是为人类做出牺牲。

这三条守则给机器人社会赋以新的伦理性，并使机器人概念通俗化，更易于为人类社会所接受。

多连杆机构和数控机床的发展和应用为机器人技术打下重要基础。

美国人乔治·德沃尔于 1954 年设计了第一台可编电子程序的工业机器人，并于 1961 年发表了该项机器人专利。1962 年，美国万能自动化（Unimation）公司的第一台机器人 Unimate 在美国通用汽车公司（GM）投入使用，这标志着第一代机器人的诞生。从此，机器人开始成为人类生活中的现实。

一、机器人学的起源

（一）机器人的萌芽

人类长期以来存在一种愿望，即创造出一种像人一样的机器或"人造人"，以便能够代替人去进行各种工作。这就是"机器人"出现的思想基础。机器人的概念在人类的想象中已存在 3000 多年了。早在我国西周时代（公元前 1066 年至公元前 771 年），就流传有关巧匠偃师献给周穆王一个艺伎（歌舞机器人）的故事。作为第一批自动化动物之一的能够飞翔的木鸟是在公元前 400 年至公元前 350 年间制成的。公元前 3 世纪，古希腊发明家戴达罗斯用青铜为克里特岛国王迈诺斯塑造了一个守卫宝岛的青铜卫士塔罗斯。在公元前 2 世纪出现的书籍中，描写过一个具有类似机器人角色的机械化剧院，这些角色能够在宫廷仪式上进行舞蹈和列队表演。我国东汉时期（公元 2—220 年），张衡发明的指南车是世界上最早的机器人雏形。

（二）机器人的诞生

近代之后，人类关于发明各种机械工具和动力机器，协助以至代替人们从事各种体力劳动梦想更加强烈。18 世纪发明的蒸汽机开辟了利用机器动力代替人力的新纪元。随着动力机器的发明，人类社会出现了第一次工业和科学革命。各种自动机器、动力机和动力系统的问世，使机器人开始由幻想时期转入自动机械时期，许多机械式控制的机器人应运而生。比如，1893 年，加拿大人摩尔设计出了一种以蒸汽为动力、可平稳行走的步行装置。

20 世纪初期，机器人已躁动于人类社会和经济的母胎之中，人们含有几分不安地期待着它的诞生。他们不知道即将问世的机器人将是个宠儿，还是种怪物。1920 年，捷克剧作家卡雷尔·凯佩克在他的科幻情节剧《罗萨姆的万能机器人》（R. U. R）中，第一次提出了"机器人"这个名词，被当成了机器人一词的起源。在该剧本中，凯佩克把斯洛伐克语"Robota"理解为奴隶或劳役的意思。该剧忧心忡忡地预告了机器人的发展对人类社会产生的悲剧性影响，引起人们的广泛关注。

1959年真正的机器人诞生了。当时，美国人英格伯格和德沃尔制造出了世界上第一台工业机器人，标志着机器人正式诞生。当时，英格伯格和德沃尔都供职于一家汽车公司，他们认为，汽车工业最适合于机器人干活，这样不但可以代替工人的一些简单重复劳动，而且更重要的是，它们不要吃饭，不知疲倦，不要报酬，始终任劳任怨。于是，他们分工进行研制，由英格伯格负责设计机器人的"手""脚""身体"，德沃尔设计"头脑""神经系统"。这台机器人研制出来后，只有手臂功能与人相似，外形像一个坦克的炮塔，基座上有一个大机械臂，大臂上又伸出一个可以伸缩和转动的小机械臂，能进行一些简单的操作，代替人做一些诸如抓放零件的工作。与其说它是一台机器人，不如说是一只断手臂。但它的诞生，开创了机器人研究的新纪元。此后，精明的英格伯格和德沃尔创办世界上第一家机器人制造工厂，并生产出一批名叫"尤里梅特"的工业机器人，从而把科幻剧本的罗萨姆万能机器人公司从虚幻变成了现实，他们因此获得"世界工业机器人之父"的殊荣。1984年，当英格伯特离开从事了20多年研究的机器人公司时，他说，如有可能，他还要改造他的"尤里梅特"机器人，使它们能够擦地板、做饭，走到门外去洗刷汽车和进行安全检查等。

二、机器人学的发展

工业机器人问世后头10年，从20世纪60年代初期到70年代初期，机器人技术的发展较为缓慢，许多研究单位和公司所作的努力均未获得成功。这一阶段的主要成果有美国斯坦福国际研究所（SRI）于1968年研制的移动式智能机器人夏凯（Shakey）和辛辛那提·米拉克龙（Cinclnnati Milacron）公司于1973年制成的第一台适于投放市场的机器人T3等。

20世纪70年代，人工智能学界开始对机器人产生浓厚兴趣。他们发现，机器人的出现与发展为人工智能的发展带来了新的生机，提供了一个很好的试验平台和应用场所，是人工智能可能取得重大进展的潜在领域。这一认识，很快为许多国家的科技界、产业界和政府有关部门所赞同。随着自动控制理论、电子计算机和航天技术的迅速发展，到了20世纪70年代中期，机器人技术进入了一个新的发展阶段。到70年代末期，工业机器人有了更大的发展。进入80年代后，机器人生产继续保持70年代后期的发展势头。到80年代中期机器人制造业成为发展最快和最好的经济部门之一。

到 20 世纪 80 年代后期，由于传统机器人用户应用工业机器人已趋饱和，从而造成工业机器人产品的积压，不少机器人厂家倒闭或被兼并，使国际机器人学研究和机器人产业出现不景气。到 20 世纪 90 年代初，机器人产业出现复苏和继续发展迹象。但是，好景不长，1993—1994 年又跌入低谷。全世界工业机器人的数目每年在递增，但市场是波浪式向前发展的，1980 年至 20 世纪末，出现过三次马鞍形曲线。1995 年后，世界机器人数量逐年增加，增长率也较高，机器人学以较好的发展势头进入 21 世纪。

进入 21 世纪，工业机器人产业发展速度加快，年增长率达到 30% 左右。其中，亚洲工业机器人增长速度高达 43%，最为突出。

据联合国欧洲经济委员会（UNECE）和国际机器人联合会（IFR）统计，全球工业机器人 1960—2006 年底累计安装 175 万多台；1960—2011 年累计安装超过 230 万台。工业机器人市场前景看好。

近年来，全球机器人行业发展迅速，2007 年全球机器人行业总销售量比 2006 年增长 10%。人性化、重型化、智能化已经成为未来机器人产业的主要发展趋势。现在全世界服役的工业机器人总数在 100 万台以上。此外，还有数百万服务机器人在运行。

根据 IFR 统计，2011 年是工业机器人产业蓬勃发展的一年，全球市场同比增长 37%。其中，中国市场的增幅最大，销售量达 22577 台，较 2010 年增长 50.7%；2012 年达到 26902 台，同比增长 19.2%。到 2015 年，中国的工业机器人拥有量将达到十万台（套）。2011—2012 年，中国和全球市场对工业机器人的需求创下新高。预测数据还表明，中国有望于 2014 年或 2015 年成为世界最大的机器人市场。德国 KUKA 机器人、日本川崎机器人等世界 500 强的机器人制造公司，近年来已将市场重点转到中国，ABB 公司甚至把全球总部搬到中国。

在过去的几十年间，机器人学和机器人技术获得引人注目的发展，具体体现在：①机器人产业在全世界迅速发展；②机器人的应用范围遍及工业、科技和国防的各个领域；③形成了新的学科——机器人学；④机器人向智能化方向发展；⑤服务机器人成为机器人的新秀而迅猛发展。

现在工业上运行的 90% 以上的机器人，都不具有智能。随着工业机器人数量的，快速增长和工业生产的发展，对机器人的工作能力也提出更高的要求，特别是需要各种具有不同程度智能的机器人和特种机器人。这些智能机器人，有的能够模拟人类用两条腿走路，可在凹凸不平的地面上行走移动；有的具有视觉和触觉功能，能够进行独立操作、自动装配和产品检验；有的具有自主控制和决策能力。这些智能机器人，不仅应用各种反馈传感器，而且还运用人工智能中各种学习、推理和决策技术。智能机器人还应用许多最新的智能技术，如临场感技术、虚拟现实技术、多真体技术、人工神经网络技术、遗传算法和遗传编程、仿生技术、多传感器集成和融合技术以及纳米技术等。

　　机器人学与人工智能有十分密切的关系。智能机器人的发展是建立在人工智能的基础上的，并与人工智能相辅相成。一方面，机器人学的进一步发展需要人工智能基本原理的指导，并采用各种人工智能技术；另一方面，机器人学的出现与发展又为人工智能的发展带来了新的生机，产生了新的推动力，并提供一个很好的试验与应用场所。也就是说，人工智能想在机器人学上找到实际应用，并使知识表示、问题求解、搜索规划、机器学习、环境感知和智能系统等基本理论得到进一步发展。粗略地说，由机器来模仿人类的智能行为，就是人工智能，或称为机器智能。而应用各种人工智能技术的新型机器人，就是智能机器人。

　　移动机器人是一类具有较高智能的机器人，也是智能机器人研究的一类前沿和重点领域。智能移动机器人是一类能够通过传感器感知环境和自身状态，实现在有障碍物的环境中面向目标的自主运动，从而完成一定作业功能的机器人系统。移动机器人与其他机器人的不同之处就在于强调了"移动"的特性。移动机器人不仅能够在生产、生活中起到越来越大的作用，而且还是研究复杂智能行为的产生、探索人类思维模式的有效工具与实验平台。21世纪的机器人的智能水平，将提高到令人赞叹的更高水平。

三、机器人学的发展趋势

　　1. 传感型智能机器人发展较快

　　作为传感型机器人基础的机器人传感技术有了新的发展，各种新型传感器不断出现。例如超声波触觉传感器、静电电容式距离传感器、基于光纤陀螺惯性测量的三维运动传感器，以及具有工件检测、识别和定位功能的视觉系统等。

　　多传感器集成与融合技术在智能机器人上获得应用。由于单一传感信号难以保证输入信息的准确性和可靠性，不能满足智能机器人系统获取环境信息及系统决策能力。采用多传感器集成和融合技术，利用各种传感信息，获得对环境的正确理解，使机器人系统具有容错性，保证系统（尤其是移动机器人系统）信息处理的快速性和正确性。在多传感集成和融合技术研究方面，人工神经网络的应用特别引人注目，成为一个研究热点。

　　2. 开发新型智能技术

　　智能机器人有许多诱人的研究新课题，对新型智能技术的概念和应用研究正酝酿着新的突破。

临场感技术能够测量和估计人对预测目标的拟人运动和生物学状态，显示现场信息，用于设计和控制拟人机构的运动。

多媒体和虚拟现实（Virtual Reality，VR）技术是新近研究的智能技术，它是一种对事件的现实性从时间和空间上进行分解后重新组合的技术。这一技术包括三维计算机图形学技术、多功能传感器的交互接口技术以及高清晰度的显示技术。虚拟现实技术可应用于遥控机器人和临场感通讯等。

形状记忆合金（SMA）被誉为"智能材料"。SMA的电阻随温度的变化而改变，导致合金变形，可用来执行驱动动作，完成传感和驱动功能。

多智能机器人系统（MARS）是近年来开始探索的又一项智能技术。它是在单体智能机器发展到需要协调作业的条件下产生的。多个机器人主体具有共同的目标，完成相互关联的动作或作业。MARS的作业目标一致，信息资源共享，各个局部（分散）运动的主体在全局前提下感知、行动、受控和协调，是群控机器人系统的发展。

在诸多新型智能技术中，基于人工神经网络的识别、检测、控制和规划方法的开发和应用占有重要的地位。基于专家系统的机器人规划获得新的发展，除了用于任务规划、装配规划、搬运规划和路径规划外，又被用于自动抓取规划。遗传算法和进化编程已成为机器人系统的新型优化、编程和控制技术。

3. 采用模块化设计技术

智能机器人和高级工业机器人的结构要力求简单紧凑，其高性能部件甚至全部机构的设计已向模块化方向发展，其驱动采用交流伺服电机，向小型和高输出方向发展；其控制装置向小型化和智能化发展，采用高速CPU和32位芯片、多处理器和多功能操作系统，提高机器人的实时和快速响应能力。机器人软件的模块化则简化了编程，发展了离线编程技术，提高了机器人控制系统的适应性。

4. 微型机器人的研究有所突破

微型机器和微型机器人为21世纪的尖端技术之一。已经开发出手指大小的微型移动机器人，可用于进入小型管道进行检查作业。预计将生产出毫米级大小的微型移动机器人和直径为几百微米甚至更小（纳米级）的医疗机器人，可让它们直接进入人体器官，具有纳米分辨率表面成像和渗透能力，进行各种疾病的诊断和治疗，而不伤害人的健康。

微型驱动器是开发微型机器人的基础和关键技术之一，将对精密机械加工、现代光学仪器、超大规模集成电路、现代生物工程、遗传工程和医学工程产生重要影响。微型机器人在上述工程中将大有用武之地。

在大中型机器人微型机器人系列之间，还有小型机器人。小型化也是机器人发展的一个趋势。小型机器人移动灵活方便，速度快，精度高，适于进入大中型工件进行直接作业。已开发出一种能够模拟动物意识的小型机器人软件体系结构，控制机器人实现有意识的运动。比微型机器人还要小的超微型机器人，应用纳米技术，将用于医疗和军事侦察目的。

5. 应用领域向非制造业和服务业扩展

为了开拓机器人新市场，除了提高机器人的性能和功能，以及研制智能机器人外，向非制造业扩展也是一个重要方向。开发适应于非结构环境下工作的机器人将是机器人发展的一个长远方向。这些非制造业包括航天、海洋、军事、建筑、医疗护理、服务、农林、采矿、电力、煤气、供水、下水道工程、建筑物维护、社会福利、家庭自动化、办公自动化和灾害救护等。

6. 开放式网络机器人技术初见端倪

利用现代网络技术对机器人系统进行远程控制与操作，已成为最新的机器人研究方向之一。所谓网络机器人技术就是经过 Internet 等网络对机器人进行公开和快捷的研究、开发操作和实验，以实现高度的资源共享和技术交流。由于网络技术和网点的迅速发展，网络机器人技术必将获得快速发展，并促进机器人技术的进一步发展。

网络通信和通信协议可在移动机器人系统中起到重要作用。通过改进，TCP 网络协议可用于移动机器人系统，并在用户数据图协议顶层进行开发，提供一种基于信息的可靠的传输服务。还可以用一个阶段层协议来支持多个网站之间的多平台控制。网络技术也在多智能体机器人系统中得到应用。针对分散在办公室的智能机器人环境，提出了基于测览器、Java 语言、Socket 通信等 Web 技术的通信和控制方案。用户通过手提式计算机和 Web 服务器就能对机器人读取，进行机器人观测和控制。Wall 技术提供了机器人控制、人-机器人通讯和网页读取的综合框架。此框架为 Internet 在机器人智能办公室系统开辟一个新的研究和应用领域。

第二节 机器人的特点、结构与分类

一、机器人的定义与特征

（一）机器人的定义

至今还没有机器人的统一定义。要给机器人下一个合适的并为人们普遍接受的定义是困难的。专家们采用不同的方法来定义这个术语。它的定义还因公众对机器人的想象以及科学幻想小说、电影和电视中对机器人形状的描绘而变得更为困难。为了规定技术、开发机器人新的工作能力和比较不同国家和公司的成果，就需要对机器人这一术语有某些共同的理解。

1. 国际上对于机器人的定义

关于机器人的定义，国际上主要有如下几种：

（1）英国简明牛津字典的定义。

机器人是"貌似人的自动机，具有智力的和顺从于人的但不具人格的机器"。

这一定义并不完全正确，因为还不存在与人类相似的机器人在运行。这是一种理想的机器人。

（2）美国机器人协会（RIA）的定义。

机器人是"一种用于移动各种材料、零件、工具或专用装置的，通过可编程序动作来执行种种任务的，并具有编程能力的多功能机械手（manipulator）"。

尽管这一定义较实用些，但并不全面。这里指的是工业机器人。

（3）日本工业机器人协会（JIRA）的定义。

工业机器人是"一种装备有记忆装置和末端执行器（end effecter）的，能够转动并通过自动完成各种移动来代替人类劳动的通用机器"。或者分为两种情况来定义：①工业机器人是"一种能够执行与人的上肢类似动作的多功能机器"。②智能机器人是"一种具有感觉和识别能力，并能够控制自身行为的机器"。前一定义是工业机器人的一个较为广义的定义，后一种则分别对工业机器人和智能机器人进行定义。

（4）美国国家标准局（NBS）的定义。

机器人是"一种能够进行编程并在自动控制下执行某些操作和移动作业任务的机械装置"。

这也是一种比较广义的工业机器人定义。

（5）国际标准组织（ISO）的定义。

机器人是"一种自动的、位置可控的、具有编程能力的多功能机械手，这种机械手具有几个轴，能够借助于可编程序操作来处理各种材料、零件、工具和专用装置，以执行种种任务"。

显然，这一定义与美国机器人协会的定义相似。

（6）关于我国机器人的定义。

随着机器人技术的发展，我国也面临讨论和制订关于机器人技术的各项标准问题，其中包括对机器人的定义。我们可以参考各国的定义，结合我国情况，对机器人做出统一的定义。

2. 我国国内对机器人的定义

我国科学家对机器人的定义是："机器人是一种自动化的机器，所不同的是这种机器具备一些与人或生物相似的智能能力，如感知能力、规划能力、动作能力和协同能力，是一种具有高度灵活性的自动化机器"。在研究和开发未知及不确定环境下作业的机器人的过程中，人们逐步认识到机器人技术的本质是感知、决策、行动和交互技术的结合。

《中国大百科全书》对机器人的定义为：能灵活地完成特定的操作和运动任务，并可再编程序的多功能操作器。而对机械手的定义为：一种模拟人手操作的自动机械，它可按固定程序抓取、搬运物件或操持工具完成某些特定操作。

机器人（Robot）是自动执行工作的机器装置。它既可以接受人类指挥，又可以运行预先编排的程序，也可以根据以人工智能技术制定的原则纲领行动。它的任务是协助或取代人类工作的工作，例如生产业、建筑业或是危险的工作。机器人是高级整合控制论、机械电子、计算机、材料和仿生学的产物。在工业、物流、医学、农业、建筑业甚至军事等领域中均有重要用途。

随着机器人的发展，国际上对机器人的概念已经基本趋近一致。一般来说，人们都可以接受这种说法，即机器人是靠自身动力和控制能力来实现各种功能的一种机器。联合国标准化组织采纳了美国机器人协会给机器人下的定义："一种可编程和多功能的操作机；或是为了执行不同的任务而具有可用电脑改变和可编程动作的专门系统。"它能为人类带来许多方便之处。

机器人技术已从传统的工业领域快速扩展到其他领域，如医疗康复、家政服务、外星探索、勘测勘探等。而无论是传统的工业领域还是其他领域，对机器人性能要求的不断提高，使机器人必须面对更极端的环境、完成更复杂的任务。因而，社会经济的发展也为机器人技术进步提供了新的动力。

（二）机器人的特征

1. 通用性

机器人的通用性（versatility）取决于其几何特性和机械能力。通用性指的是某种执行不同的功能和完成多样的简单任务的实际能力。通用性也意味着机器人具有可变的几何结构，即根据生产工作需要进行变更的几何结构；或者说，在机械结构上允许机器人执行不同的任务或以不同的方式完成同一工作。现有的大多数机器人都具有不同程度的通用性，包括机械手的机动性和控制系统的灵活性。

必须指出，通用性不是由自由度单独决定的。增加自由度一般能提高通用性程度。不过，还必须考虑其他因素，特别是末端装置的结构和能力，如它们能否适用不同的工具等。

2. 适应性

机器人的适应性（adaptivity）是指其对环境的自适应能力，即所设计的机器人能够自我执行未经完全指定的任务，而不管任务执行过程中所发生的没有预计到的环境变化。这一能力要求机器人认识其环境，即具有人工知觉。在这方面，机器人使用它的下述能力：

（1）运用传感器感测环境的能力；

（2）分析任务空间和执行操作规划的能力；

（3）自动指令模式能力。

二、机器人的结构

一个机器人系统由下列四个互相作用的部分组成：机械手、环境、任务和控制器，如图1-1（a）所示，图1-1（b）为其简化形式。

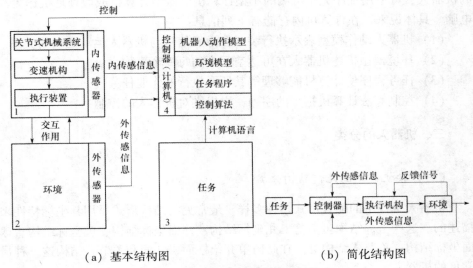

（a）基本结构图　　　　　　　（b）简化结构图

图1-1　机器人系统的基本结构

机械手是具有传动执行装置的机械，它由臂、关节和末端执行装置（工具等）构成，组合为一个互相连接和互相依赖的运动机构。机械手用于执行指定的作业任务。不同的机械手具有不同的结构类型。机械手又称为操作机、机械臂或操作手。大多数机械手是具有几个自由度的关节式机械结构，一般具有六个自由度。其中，头三个自由度引导夹手装置至所需位置，而后三个自由度用来决定末端执行装置的方向。

环境指机器人所处的周围环境，它不仅由几何条件（可达空间）所决定，而且由环境和它所包含的每个事物的全部自然特性所决定。机器人的固有特性由这些自然特性及其环境间的互相作用所决定。在环境中，机器人会遇到一些障碍物和其他物体，它必须避免与这些障碍物发生碰撞，并对这些物体发生作用。环境信息一般是确定的和已知的，但在许多情况下，环境具有未知的和不确定的性质。

我们把任务定义为环境的两种状态（初始状态和目标状态）间的差别。必须用适当的程序设计语言来描述这些任务，并把它们存入机器人系统的控制计算机中去。

计算机是机器人的控制器或脑子。机器人接收来自传感器的信号，对之进行数据处理，并按照预存信息、机器人的状态及其环境情况等，产生出控制信号去驱动机器人的各个关节。

对于技术比较简单的机器人，计算机只含有固定程序；对于技术比较先进的机器人，可采用程序完全可编的小型计算机、微型计算机或微处理机作为其电脑。具体说来，在计算机内存储有下列信息：

（1）机器人动作模型表示执行装置在激发信号与机器人运动之间的关系。

（2）环境模型描述机器人在可达空间内的每一个事物。

（3）任务程序使计算机能够理解其所要执行的作业任务。

（4）控制算法计算机指令的序列，它提供对机器人的控制。

三、机器人的分类

（一）按机械手的几何结构分类

机器人机械手的配置形式多种多样。最常见的结构形式是用其坐标特性来描述的。这些坐标结构包括笛卡儿坐标结构、柱面坐标结构、极坐标结构、球面坐标结构、关节式结构等。在此简单介绍柱面、球面和关节式结构这三种最常见的机器人。

1. 柱面坐标机器人

柱面坐标机器人主要由垂直柱子、水平移动关节和底座构成。水平移动关节装在垂直柱子上，能自由伸缩，并可沿垂直柱子上下运动。垂直柱子安装在底座上，并与水平移动关节一起绕底座转动。这种机器人的工作空间就形成一个圆柱面，如图 1-2 所示。因此，把这种机器人叫作柱面坐标机器人。

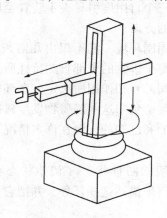

图 1-2　柱面坐标机器人

2. 球面坐标机器人

这种机器人如图 1-3 所示。它像坦克的炮塔一样，机械手能够做里外伸缩移动、在垂直平面内摆动以及绕底座在水平面内转动。因此，这种机器人的工作空间形成球面的一部分，称为球面坐标机器人。

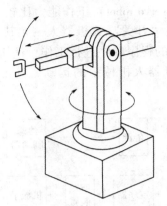

图 1-3　球面坐标机器人

3. 关节式机器人

这种机器人主要由底座、大臂和小臂构成。大臂和小臂可在通过底座的垂直平面内运动，如图 1-4 所示，大臂和小臂间的关节称为肘关节，大臂和底座间的关节称为肩关节。在水平平面上的旋转运动，既可由肩关节完成，也可以绕底座旋转来实现。这种机器人与人的手臂非常类似，称为关节式机器人。

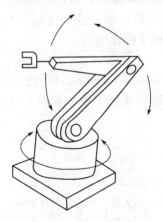

图 1-4　关节式机器人

（二）按控制方式分类

按照控制方式可把机器人分为非伺服机器人和伺服控制机器人两种。

1. 非伺服机器人

非伺服机器人（non-servo robot）工作能力比较有限，它们往往涉及那些叫作"终点""抓放"或"开关"式机器人，尤其是"有限顺序"机器人。这种机器人按照预先编好的程序顺序进行工作，使用终端限位开关、制动器、插销板和定序器来控制机器人机械手的运动。其工作原理方块图如图 1-5 所示。

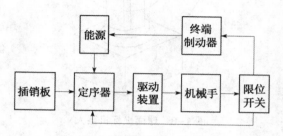

图 1-5　非伺服机器人工作原理

图中，插销板用来预先规定机器人的工作顺序，而且往往是可调的。定序器是一种定序开关或步进装置，它能够按照预定的正确顺序接通驱动装置的能源。驱动装置接通能源后，就带动机器人的手臂、腕部和抓手等装置运动。当它们移动到由终端限位开关所规定的位置时，限位开关切换工作状态，送给定序器一个"工作任务（或规定运动）业已完成"的信号，并使终端制动器动作，切断驱动能源，使机械手停止运动。

2. 伺服控制机器人

伺服控制机器人（servo-controlled robot）比非伺服机器人有更强的工作能力，因而价格较贵，但在某些情况下不如简单的机器人可靠。图 1-6 表示伺服控制机器人的工作原理。

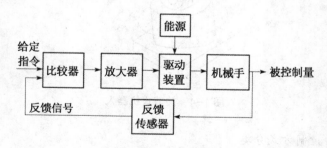

图 1-6　伺服控制机器人工作原理

伺服系统的被控制量（输出）可为机器人端部执行装置（或工具）的位

置、速度、加速度和力等。通过反馈传感器取得的反馈信号与来自给定装置（如给定电位器）的综合信号，用比较器加以比较后，得到误差信号，经过放大后用以激发机器人的驱动装置，进而带动末端执行装置以一定规律运动，到达规定的位置或速度等。显然，这就是一个反馈控制系统。

（三）按智能程度分类

按智能程度，机器人可分为一般机器人和智能机器人。

1. 一般机器人

一般机器人不具有智能，只具有一般编程能力和操作功能，一般不能对环境中意外情形采取主动的调整策略。这类机器人广泛应用于工序及运动比较确定的工业自动化连续生产线、各类物流系统，在一些特殊与极端环境代替人完成工作任务。

2. 智能机器人

智能机器人按照具有智能的程度不同又可分为：

（1）传感型机器人，具有利用传感信息（包括视觉、听觉、触觉、接近觉、力觉和红外、超声及激光等）进行传感信息处理、实现控制与操作的能力。

（2）交互型机器人，通过计算机系统与操作员或程序员进行人机对话，实现对机器人的控制与操作。

（3）自主型机器人，无须人的干预，能够在各种环境下自动完成各项任务。

（四）按机器人控制器的信息输入方式分类

在采用这种分类法进行分类时，不同国家也略有不同，但它们都有统一的标准。这里主要介绍日本工业机器人协会（JIRA）、美国机器人协会（RIA）和法国工业机器人协会（AFRI）所采用的分类法。

1. JIRA 分类法

日本工业机器人协会把机器人分为六类：

第 1 类：手动操作手，是一种由操作人员直接进行操作的具有几个自由度的加工装置。

第 2 类：定序机器人，是按照预定的顺序、条件和位置，逐步地重复执行给定的作业任务的机械手，其预定信息（如工作步骤等）难以修改。

第 3 类：变序机器人，它与第 2 类一样，但其工作次序等信息易于修改。

第 4 类：复演式机器人，这种机器人能够按照记忆装置存储的信息来复现原先由人示教的动作。这些示教动作能够被自动地重复执行。

第 5 类：程控机器人，操作人员并不是对这种机器人进行手动示教，而是向机器人提供运动程序，使它执行给定的任务。其控制方式与数控机床一样。

第 6 类：智能机器人，它能够采用传感信息来独立检测其工作环境或工作条件的变化，并借助其自我决策能力，成功地进行相应的工作，而不管其执行任务的环境条件发生了什么变化。

2. RIA 分类法

美国机器人协会把 JIRA 分类法中的后四种机器当作机器人。

3. AFRI 分类法

法国工业机器人协会把机器人分为四种型号：

A 型：第 1 类，手控或遥控加工设备。

B 型：包括第 2 类和第 3 类，具有预编工作周期的自动加工设备。

C 型：含第 4 类和第 5 类，程序可编和伺服机器人，具有点位或连续路径轨迹，称为第一代机器人。

D 型：第 6 类，能获取一定的环境数据，称为第二代机器人。

此外，还可以有其他的分类方法，如下所述。

（五）按移动方式分类

按移动方式，机器人可分为固定机器人和移动机器人。

1. 固定机器人

固定机器人固定在某个底座上，只能通过移动各个关节完成任务。一般用于各类生产线或制造系统，如加工原料与产品上下料机械手、固定工位焊接机器人。

2. 移动机器人

移动机器人可沿某个方向或任意方向移动。这种机器人又可分为有轨式机器人、履带式机器人和步行机器人，其中步行机器人又可分为单足、双足、多足行走机器人。

（六）按机器人的用途分类

1. 工业机器人或产业机器人

该类机器人应用在工农业生产中，主要应用在制造业部门，进行焊接、喷漆、装配、搬运、检验、农产品加工等作业。

2. 探索机器人

该类机器人用于进行太空和海洋探索，也可用于地面和地下探险和探索。

3. 服务机器人

探索机器人是一种半自主或全自主工作的机器人，其所从事的服务工作可使人类生存得更好，使制造业以外的设备工作得更好。

4. 军事机器人

该类机器人用于进攻性或防御性的军事目的。它又可分为空中军用机器人、海洋军用机器人和地面军用机器人，或简称为空军机器人、海军机器人和陆军机器人。

第三节 机器人学的研究领域与研究现状

一、机器人学的研究领域

机器人学有着极其广泛的研究和应用领域。这些领域体现出广泛的学科交叉，涉及众多的课题，如机器人体系结构、机构、控制、智能、传感、机器人装配、恶劣环境下的机器人以及机器人语言等。机器人已在各种工业、农业、商业、旅游业、空中和海洋以及国防等领域获得越来越普遍的应用。下面是一些比较重要的研究领域。

（一）传感器与感知系统

· 各种新型传感器的开发
  （包括视觉、触觉、听觉、接近感、力觉、临场感等）
· 多传感系统与传感器融合
· 传感数据集成
· 主动视觉与高速运动视觉
· 传感器硬件模块化
· 恶劣工况下的传感技术
· 连续语言理解与处理
· 传感系统软件
· 虚拟现实技术

（二）驱动、建模与控制

· 超低惯性驱动马达

· 直接驱动与交流驱动
· 离散事件驱动系统的建模、控制与性能评价
· 控制机理
（包括经控制、现代控制和智能控制）
· 控制系统结构
· 控制算法
· 多机器人分组协调控制与群控
· 控制系统动力学分析
· 控制器接口
· 在线控制和实时控制
· 自主操作和自主控制
· 声音控制和语音控制

（三） 自动规划与调度

· 环境模型的描述
· 控制知识的表示
· 路径规划
· 任务规划
· 非结构环境下的规划
· 含有不确定性时的规划
· 未知环境中移动机器人规划与导航
· 智能算法
· 协调操作（运动）规划
· 装配规划
· 基于传感信息的规划
· 任务协商与调度
· 制造（加工）系统中机器人的调度

（四） 计算机系统

· 智能机器人控制计算机系统的体系结构
· 通用与专用计算机语言
· 标准化接口
· 神经计算机与并行处理
· 人机通信

·Multi-Agent 系统（MAS）

（五）应用研究

·机器人在工业、农业、建筑中的应用
·机器人在服务业的应用
·机器人在核能、高空、水下和其他危险环境中的应用
·采矿机器人
·军用机器人
·灾难救援机器人
·康复机器人
·排险机器人及抗暴机器人
·机器人在 CIMS 和 FMS 中的应用

（六）其他

·微电子-机械系统的设计与超微型机器人
·产品及其自动加工的协同设计

二、机器人学的研究现状

（一）协作机器人学的研究现状与发展

协作机器人学的研究重点是合作机制问题，即给定了任务、环境和一组机器人，如何产生合作行为。协作机器人学的主要研究内容包括：

1. 群体的体系结构

实现合作行为必须依赖于某种系统的体系结构，群体结构（Group Architecture）是集体行为的基础，决定了系统的能力，在确定群体结构时，要决定它是集中的还是分散的，如果是分散的，是分层的还是分布的。集中式体系结构可用一个单一的控制智能体来刻划，而分布式体系结构则缺少这样一个智能体。分布式结构中所有智能体相对于控制是平等的，分层式结构在局部则是集中的。普遍的看法是分散式结构在某些方面，如故障冗余、可靠性、并行开发的自然性和可伸缩性等，比集中式结构要好。

在群体结构中还有同构与异构的问题。同构系统中每个机器人的能力是一样的，异构系统则相反，异构系统虽具有普遍性，但带来问题的复杂性，任务分配更加困难。在异构系统中，任务分配一般按个体的能力来确定，在同构系统中，各智能体需要被区分为不同的角色，以便控制时的识别。群体结构要能

适应动态自组织的要求，在系统拓扑结构可变情况下，动态选举主智能体和建立多智能体间关系的问题是体系结构研究要解决的问题之一。

2. 通信与磋商

为进行合作，多智能体之间要进行磋商与谈判。磋商从形式上看是合作前或合作中的通信过程。因此，通信是合作机器人系统动态运行时的关键。一些研究虽然在探讨无通信的合作，但依据通信使系统效率得到提高是更实际的。通信的交互方式可有直接型和广播型。

尽管计算机网络通信提供了问题的基本解决方案，但适合多机器人的实时性要求的通信协议、网络拓扑结构及通讯方式还需要进行研究。

目前计算机网络技术的迅速发展，为分布式信息处理系统带来极大的便利。多机器人系统作为典型的分布式控制系统之一，网络结构将是其特征之一。但是，多机器人系统的通信与面向数据处理与信息共享的计算机网络通信有很大的不同。如果机器人之间过分依赖通信进行信息获取，那么，当机器人数量增加，系统通信的负担将使系统的运作效率下降。因此，既要研究适合多机器人系统通信的机制（规范与协议），又要利用智能体机器人具有对周围环境的感知和推断能力，研究机器人系统能基于对合作伙伴的行动推断，辅之以必要的通信的控制策略。

3. 感知与学习

感知是一种局部的交互，与通信一样是合作机器人系统动态运行时的关键。多智能体机器人系统由于每个机器人都可能具有自己的传感器系统，整个系统的传感器信息融合和有效利用是一个重要问题。学习是系统不断寻找或优化协作控制参数正确值的一种手段，也是系统具有适应性和灵活性的体现。目前增强性学习方法和进化算法已在协作机器人学中被使用。

4. 建模与规划

如果智能体对与之协作的其他智能体的意图、行动、能力和状态等进行建模，可使智能体之间更有效的合作。当智能体具有对其他智能体行为进行建模的能力时，对通信的依赖也就降低了。这种建模要求智能体能够具有关于其他智能体行为的某种表达，并依据这种表达对其他智能体的行动进行推理。

机器人合作问题由于具有动态自组织和可适应环境变化重组的特点，其规划与多机器人协调采用集中规划显然不同。根据系统全局目标，各智能体应采用 reactive planning 方法，包括由全局任务级规划到各智能体动作级规划的实现，传感器信息的利用，智能体间任务转移，事件驱动的行为响应（事件包括来自传感器、人机接口信息和其他智能体的通信）等。

5. 防止死锁与避碰

多个智能体机器人在共同的环境中运行时，会产生资源冲突问题，碰撞实际上也是一种资源冲突。在解决资源冲突的过程中，如果没有适当的策略，系统会造成一种运行的动态停顿，通过规划（如事先确定某些规则、优先级等），可以避免一部分死锁与碰撞。多智能体机器人系统在事先难于预料的重组后，其死锁回避问题仍是富有挑战性的题目，需要利用系统的通信及传感器设施和精心策划的策略。

6. 合作根源

智能体之间能否自发地产生合作，"合作动机是什么"是一个令人感兴趣的问题。目前的多机器人合作（特别是多机器人协调）研究中几乎都是人为地假设了合作必然发生。

Mc Farland 定义了自然界中的两种群体行为：纯社会行为（Eusocial Behavior）和协作行为。纯社会行为可以在蚂蚁或蜜蜂这一类昆虫群体中发现，是个体行为进化所决定的行为，在这样的社会中，个体智能体的能力十分有限，但从它们的交互中却呈现出了智能行为，这种行为对生态群体中个体的生存是绝对必要的。协作行为是存在于高级动物中的社会行为，协作是在自私的智能体之间交互的结果，协作行为不像纯社会行为，不是由天生行为所激发的，而是由一种潜在的协作愿望，以求达到最大化个体利益所驱动的。生物学系统的群体行为是有启发的，但在目前机器人的智能水平上实现也许为时尚早，但这个问题的研究会有助于实际系统的设计与实现。

7. 智能体机器人控制系统的实现

传统的商品化机器人控制器是面向机器人以部件单元式应用而发展起来的，难于满足多机器人协作控制的要求。多智能体机器人控制器与传统的机器人控制器将有很大的区别，它不仅要求较高的智能与自治的控制能力，而且要有易于协作、集成为系统工作的机制与能力。在控制器实现时，要具备支持协作的新的软件和硬件体系结构，如编程语言、人机交互方式、支持系统伸缩的机制等。在具有分布式控制器的多机器人系统中，构造与实现系统（包括支持多机器人协调合作的问题求解或任务规划机制，控制计算机系统架构，分布式数据库等）应能使系统具有柔性、快速响应性和适应环境变化的能力。

8. 发展趋势

多机器人协作问题，强调的是多机器人系统的智能行为。目前在这一领域的研究还是相当初期的，许多研究还局限于概念性的研究，尚缺乏严格的定义和公式化的刻划。一些仿真研究往往忽略了与感知和驱动有关的实际问题，在假设条件下得到的"成功"系统，在实际环境中未必可行。MARS 系统的研究与实现比 DAI 中的多智能体系统会更困难一些，因为 DAI 中主要是软件智能体，一般是同构的，它所讨论范围内的不确定性不像在实际物理世界中遇到的那样多，而 MARS 系统不仅涉及实际系统的实现问题，而且一般是非同构的智能体系统。目前，人工智能研究中协同式问题求解，计算机科学中分布计算系统研究等十分活跃，其中的一些思想与方法值得在进行协作机器人学的研究中借鉴。

信息技术的迅猛发展正在为协作机器人系统的实现提供坚实的物质基础，随着计算机网络技术的发展，计算机支持的协同工作 CSCW（Computer Supported Cooperative Work）研究日趋活跃，而支持协同工作的计算机软件——群件（Groupware）的发展，将为多智能体机器人系统的实现提供具有参考价值技术方法和手段。

先进制造技术的发展对协作机器人学的研究与发展正起着积极的促进作用，随着先进制造技术的发展，工业机器人已从当初的柔性上下料装置，正在成为高度柔性、高效率和可重组的装配、制造和加工系统中的生产设备。在这样的生产线上，机器人是作为一个群体工作的，不论每个机器人在生产线上起什么作用，它总是作为系统中的一员而存在。因此，要从组成敏捷生产系统的观点出发，来研究工业机器人的进一步发展，面向先进制造环境的机器人柔性装配系统和机器人加工系统中，不仅有多机器人的集成，还有机器人与生产线、周边设备、生产管理系统以及人的集成。因此，以系统的观点来发展新的机器人控制系统，有大量的理论与实践的工作要做，敏捷制造策略的提出，为工业机器人的发展提供了新的机遇。敏捷制造的基本思想是企业能迅速将其组织和装备重组，快速响应市场变化，生产出满足用户需求的个性化产品，敏捷制造要求企业底层的生产设备具有柔性和可动态重组的能力。机器人是一种具有高度柔性的自动化生产设备。如果我们站在更高的层次，将机器人视为是一种具有"感知、思维和行动"的机器，那么，敏捷生产设备就应当是新一代的机器人化的机器，从敏捷生产系统的观点看，每个机器人作为系统中的一员而存在，根据任务的要求即能独立运行，又能与其他机器人动态重组地协作运行。很显然，敏捷制造过程是多智能体机器人系统的运行过程。此外，近年来在制造系统领域还提出了一个与多智能体系统十分相近的概念——HMS 系统（Holonic Manufacture Systems）。HMS 系统中的 Holonic 是一个新创造的名词，与 Agent 一样，至今没有一个很确切的中文译名。Holonic 系统的概念是：一个由互相关联的，且各自能自治运作的子系统所构成的系统，如果其成员总是合力去实现共同的全局整体目标，并且当全局目标变化时，各子系统为实现新目标，其行为也相应变化，称这个系统具有 Holonic 行为。可见它与多智能体系统具有相同的性质。

（二）进化机器人学研究

1. 进化机器人学的研究现状

（1）研究内容和方法。

进化机器人学的研究目的主要有 2 个：一是开发人工系统的控制方法；二是通过对机器人的研究，更好地理解生物系统。因此有些研究者重视系统开发的简便性和性能的鲁棒性，有些则强调对认知的建模。研究内容不仅包括控制器结构，还有编码策略、进化操作、适应度函数的选取，以及多机器人共同进化、硬件系统的优化等。

进化机器人控制系统的方法论并没有完全建立，至今意见不一。由于需要较大规模的种群和一定进化代数来产生期望行为，在进化过程中就必须评估大量个体（即控制策略）。如果在真实机器人上进行实验，以目前的技术来看，所花费的时间是不可接受的。而且有的实验在进化初期可能会有破坏性行为产生，对机器人和环境造成损害，因此不少实验被限制于仿真方式。但是仿真模型与实际模型之间有差别，通过仿真结果预测实际机器人行为并不可靠，在仿真系统中工作良好的控制策略可能不适用于实际系统，即存在一致性问题（Correspondence Problem），如果要使仿真系统尽量真实，其代价可能比直接设计控制系统更大，复杂的计算也会使其速度上的优势降低，所以有人提出在仿真方式获得较好的个体后，再将其下载到实际机器人上进一步进化，尽管一开始的性能与仿真相比会有所下降，但这种由于模型不匹配造成的性能下降可以在后续的进化中加以调整和改进。这样，在真实机器人上的进化代数大大减少了，既节省了时间，又能保证最终结果满足要求。

根据机器人的结构和任务，选用不同的控制结构，则实验方法也各不相同。一般说来，采用机器码的遗传编程方法在机器人上直接进化，采用分类系统的规则集和策略进化首先在仿真系统上进化，而基于神经网络的系统则两者均可，出于时间上的考虑，选用混合方法的较多。

（2）典型实验。

由于在实际机器人上进行进化很费时，目前的应用研究还只限于小规模的较为简单的问题，所采用的机器人也大都是小型的，这样可以把实验环境设置在桌面上，将机器人与计算机相连，以便于能量供应和数据收集。

典型的实验包括自主避障、趋光性研究、自充电行为、模拟收集垃圾行为、定位视觉目标，还有 NAVLAB 的自动驾驶等。根据预定任务，机器人会配备上必需的传感器，比方说在视觉定位和自动驾驶实验中，视觉信号采集设备就必不可少，而在有些实验中需要特定的环境设计（如充电行为）。各种实验进化难度不同，有时只要稍微更改适应度函数，行为就会有差异，除了单机器人实验，还可以进行多个机器人的共同进化，例如牧羊机器人放牧、猎物与捕食者的相互竞争，这些实验不仅证明了进化机器人学方法的可行性，而且在研究中还发现了不少进化方法的新特点和新问题。

在技术科学研究中，人们利用自然科学一般规律和理论研究人造系统的构成方法和原理，有时候并不是弄明白了才去做，而是先做，然后才逐渐弄明白的，实践和认识交替循环，螺旋式上升，这一特点在进化机器人学中表现得尤为明显，当进化适应过程完成，产生了成功的控制系统后，就必须对结果进行剖析，理解潜在的原则和规律，因为采用进化计算和神经网络，将传统问题求解的顺序颠倒了，不是先有高层理解，然后引导搜索算法，而是使问题的解以突现方式产生，然后分析其必然性，所以这种解不是仅仅基于设计者对该问题领域的理解而产生的，有时它对设计者还有一定的启发作用，通过对各自实验结果的分析，研究者们得出了许多有指导意义的结论，例如适者生存，渐进进化（Incremental Evolution），机器人形体的进化，任务分解的责任交给进化过程，将进化的全局鲁棒求解能力与其他算法（如 BP 算法）对细微特征的敏感性结合起来以及共同进化（oevolution）等。

三、机器人学的发展战略

（一）加强对发展机器人的认识

在 20 世纪 80 年代中期，经过热烈讨论，对于我国是否需要发展机器人技术取得一些共识。经过 30 多年之后，我国机器人技术的发展现状并不能令人满意。尽管取得了一大批比较重要的成果，缩短了与国际先进水平的差距，但仍未能形成大型的机器人产业，机器人产量、装机台数和市场需求在国际上仍无足轻重，远远落后在先进工业国家之后。这种现状不能不引起我们的反思。在对发展机器人（包括智能机器人）技术有了正确的认识后，必须解决下列问题：明确的发展目标、战略和扶植政策，正确的实施方案和严密的管理措施，足够的资金投入，民主和公正的科技环境，最大限度地调动研究人员的积极性和创造性。诚然，我国人口众多，劳力充裕又低廉，与日美等国有不同的国情，我国的国力也尚不能与日美等国一比高低。因此，我们不能照搬外国发展机器人技术的经验，而要结合我国特点，探索发展我国机器人技术的道路。不过，人多与发展机器人技术并非天生对立，问题在于如何搞。同时，外国的做法既不能原封不动地照搬，也不能一概拒之门外。对于那些可行的做法还是值得借鉴的。

（二）培育与开拓国内机器人市场

虽然我国目前的机器人市场不大，但其潜在市场很大。汽车、工程机械、电子、电机和金属加工等工业仍是应用机器人的主要部门。在这些部门，机器人的装机台数与实际需要相差甚远，有很大的市场。对于建筑、包装、空间、海洋、采矿（含海底采矿）、电力、农村和医疗等新的领域，其机器人市场也是很大的，只要用得成功，就比较容易推广应用。扩大机器人的应用领域是开拓国内机器人市场的必要举措之一。开拓国内机器人市场的另一重要举措是出台扶植机器人产业的优惠政策。这些政策包括在新生产线建设、旧设备技术改造、贷款和税收等方面的政策与法规，鼓励在恶劣工况、新建生产线和改造旧设备旧工艺中使用机器人。为了开拓国内机器人市场，还要搞几个有代表性的机器人示范工程，真正起到引导和示范作用。值得指出，国际上一些大的机器人制造厂家以及与机器人有关的元器件、部件公司，都看准了中国这个市场，"进军"中国。我国进入世界贸易组织（WTO）之后，国内机器人市场将面临国外机器人厂商的更大挑战。对此，必须加以研究，抓住机遇，迎接挑战，促进发展。

（三）建立机器人产业集团，形成规模生产

在已有机器人研究单位和生产厂家的基础上，规划调控，优化组合，筹建中国机器人产业集团和机器人工程公司，形成生产-供销-应用-维修一条龙体系。我国应选择工业发达、交通方便和技术密集的一些地区，重点扶植在机器人开发和生产方面有优势的单位，建立几个机器人工程公司，从事工业机器人的批量生产和实施机器人应用工程，使我国的机器人生产和应用向产业化集团化方向发展。

（四）开展国际技术合作

任何高新技术的发展都应尽可能开展国际合作研究和国际工业技术合作，而不要采取"闭门造车"的做法。机器人技术只有走国际技术合作之路才能有更大和更快的发展。我国加入WTO为开展机器人技术国际合作提供了新的机遇。通过国际合作，能够提高我国开发和生产机器人及其系统的能力，提高国产机器人的性能和可靠性，降低生产成本和销售价格，建立具有国际水准的我国机器人产业，让高性能低成本的国产机器人占领国内市场。如果不这样做，国产机器人的性能和可靠性将难以保证，目前的国内机器人市场只好让外

国机器人公司去占领。除了与外国政府管理部门和研究组织订立合作研究计划外，更要寻找产业合作伙伴，在中国建立中外合资机器人公司，并让在中国生产的高质量机器人销入国际市场，参与国际市场竞争。要与国外机器人厂商争夺国内市场，从某种意义上来说，占领国内市场就是占领国际市场；另外，还应该在立足国内市场的基础上，选择某些优质项目、产品或技术，进军国际市场，参与国际竞争，直接在国际市场占有一席之地。从技术角度来讲，在经济和技术全球化趋势下，我们应当尽量利用一切可以利用的国外先进技术，不必国外搞什么，我们也搞什么。同时，必须提升产品中自主创新部分的技术含量，创立有知识产权的技术创新产品，否则难以占领市场。

（五）合理选择战略主攻方向

在发展机器人技术方面也要"有所为，有所不为"。有市场的产品和有自主创新的技术，才是我们要开发的。在目标选择方面，一方面要考虑国际机器人市场、技术发展动向；另一方面要考虑国家经济建设与社会发展的需求，特别是国有企业的技术改造，农业、能源、交通等产业以及基础设施和城市化建设、提高人民群众生活质量等需求。具体目标包括机器人产品与应用工程和机器人关键技术与前沿技术研究两个方面。

（六）稳定和扩大研制队伍发展

我国的机器人技术要一靠政策，二靠投入，三靠队伍或人才。科学技术是第一生产力，而人才是这个第一生产力中最积极和最重要的因素。我们已经造就出一大批从事机器人技术研究、开发、生产和应用的人才。从发展的角度看，这支队伍还不够大，也不够强，需要继续锻炼，发展壮大，保持机器人研制队伍的相对稳定，让他们的聪明才智为发展我国的机器人事业服务。还要制定必要的政策，吸引在机器人技术方面学有所长的留学人员回国服务。

第二章　机器人控制的数学基础

本章介绍机器人的数学基础，包括空间任意点的位置和姿态的表示、坐标和齐次坐标变换、物体的变换与逆变换以及通用旋转变换等。

对于位置描述，需要建立一个坐标系，然后用某个 3×1 位置矢量来确定该坐标空间内任一点的位置，并用一个 3×1 列矢量表示，称为位置矢量。对于物体的方位，也用固接于该物体的坐标系来描述，并用一个 3×3 矩阵表示。还给出了对应于轴 x，y 或 z 作转角为 θ 旋转的旋转变换矩阵。在采用位置矢量描述点的位置，用旋转矩阵描述物体方位的基础上，物体在空间的位姿就由位置矢量和旋转矩阵共同表示。

在讨论了平移和旋转坐标变换之后，进一步研究齐次坐标变换，包括平移齐次坐标变换和旋转齐次坐标变换。这些有关空间一点的变换方法，为空间物体的变换和逆变换建立了基础。为了描述机器人的操作，必须建立机器人各连杆间以及机器人与周围环境间的运动关系。为此，建立了机器人操作变换方程的初步概念，并给出了通用旋转变换的一般矩阵表达式以及等效转角与转轴矩阵表达式。

第一节　位置和姿态的表示

一、位置描述

一旦建立了一个坐标系，就能够用某个 3×1 位置矢量来确定该空间内任一点的位置。对于直角坐标系 $\{A\}$，空间任一点 p 的位置可用 3×1 的列矢量 ^Ap

$$^A p = \begin{bmatrix} p_x \\ p_y \\ p_z \end{bmatrix} \tag{2-1}$$

来表示。其中，p_x，p_y，p_z 是点 p 在坐标系 $\{A\}$ 中的三个坐标分量。$^A p$ 的上标 A 代表参考坐标系 $\{A\}$。我们称 $^A p$ 为位置矢量，见图 2-1。

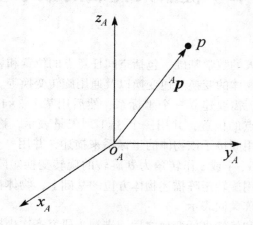

图 2-1　位置表示

二、方位描述

研究机器人的运动与操作，往往不仅要表示空间某个点的位置，而且需要表示物体的方位（orientation）。物体的方位可由某个固接于此物体的坐标系描述。为了规定空间某刚体 B 的方位，设置一直角坐标系 $\{B\}$ 与此刚体固接。用坐标系 $\{B\}$ 的三个单位主矢量 x_B，y_B，z_B 相对于参考坐标系 $\{A\}$ 的方向余弦组成的 3×3 矩阵

$$^A_B R = [\,^A x_B, \,^A y_B, \,^A z_B\,] = \begin{bmatrix} r_{11} & r_{12} & r_{13} \\ r_{21} & r_{22} & r_{23} \\ r_{31} & r_{32} & r_{33} \end{bmatrix} \tag{2-2}$$

来表示刚体 B 相对于坐标系 $\{A\}$ 的方位。$^A_B R$ 称为旋转矩阵。式中，上标 A 代表参考坐标系 $\{A\}$，下标 B 代表被描述的坐标系 $\{B\}$。$^A_B R$ 共有 9 个元素，但只有 3 个是独立的。由于 $^A_B R$ 的三个列矢量 $^A x_B$，$^A y_B$ 和 $^A z_B$ 都是单位矢量，且双双相互垂直，因而它的 9 个元素满足 6 个约束条件（正交条件）：

$$^A x_B \cdot {}^A x_B = {}^A y_B \cdot {}^A y_B = {}^A z_B \cdot {}^A z_B = 1 \tag{2-3}$$

$$^{A}x_{B} \cdot {}^{A}y_{B} = {}^{A}y_{B} \cdot {}^{A}z_{B} = {}^{A}z_{B} \cdot {}^{A}x_{B} = 0 \qquad (2-4)$$

可见，旋转矩阵 $^{A}_{B}R$ 是正交的，并且满足条件

$$^{A}_{B}R^{-1} = {}^{A}_{B}R^{T} \; ; \; |{}^{A}_{B}R| = 1 \qquad (2-5)$$

式中，上标 T 表示转置；$|\cdot|$ 为行列式符号。

对应于轴 x，y 或 z 作转角为 θ 的旋转变换，其旋转矩阵分别为：

$$R(x, \theta) = \begin{bmatrix} 1 & 0 & 0 \\ 0 & c\theta & -s\theta \\ 0 & s\theta & c\theta \end{bmatrix} \qquad (2-6)$$

$$R(y, \theta) = \begin{bmatrix} c\theta & 0 & s\theta \\ 0 & 1 & 0 \\ -s\theta & 0 & c\theta \end{bmatrix} \qquad (2-7)$$

$$R(z, \theta) = \begin{bmatrix} c\theta & -s\theta & 0 \\ s\theta & c\theta & 0 \\ 0 & 0 & 1 \end{bmatrix} \qquad (2-8)$$

式中，s 表示 sin，c 表示 cos。以后将一律采用此约定。

图 2-2 表示一物体（这里为抓手）的方位。此物体与坐标系 $\{B\}$ 固接，并相对于参考坐标系 $\{A\}$ 运动。

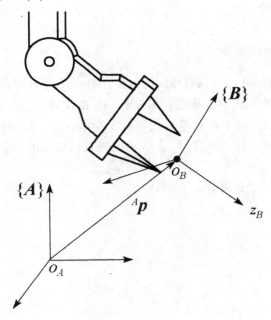

图 2-2　方位表示

三、位姿描述

上面我们已经讨论了采用位置矢量描述点的位置，而用旋转矩阵描述物体的方位。要完全描述刚体 B 在空间的位姿（位置和姿态），通常将物体 B 与某一坐标系 $\{B\}$ 相固接。$\{B\}$ 的坐标原点一般选在物体 B 的特征点上，如质心等。相对参考系 $\{A\}$，坐标系 $\{B\}$ 的原点位置和坐标轴的方位，分别由位置矢量 ${}^A p_{Bo}$ 和旋转矩阵 ${}^A_B R$ 描述。这样，刚体 B 的位姿可由坐标系 $\{B\}$ 来描述，即有

$$\{B\} = \left\{ {}^A_B R \quad {}^A p_{Bo} \right\} \tag{2-9}$$

当表示位置时，式（2-9）中的旋转矩阵 ${}^A_B R = I$（单位矩阵）；当表示方位时，式（2-9）中的位置矢量 ${}^A p_{Bo} = 0$。

第二节   坐标变换与齐次坐标变换

一、坐标变换

（一）平移坐标变换

设坐标系 $\{B\}$ 与 $\{A\}$ 具有相同的方位，但 $\{B\}$ 坐标系的原点与 $\{A\}$ 的原点不重合。用位置矢量 ${}^A p_{Bo}$ 描述它相对于 $\{A\}$ 的位置，如图 2-3 所示。称 ${}^A p_{Bo}$ 为 $\{B\}$ 相对于 $\{A\}$ 的平移矢量。如果点 p 在坐标系 $\{B\}$ 中的位置为 ${}^B p$，那么它相对于坐标系 $\{A\}$ 的位置矢量 ${}^A p$ 可由矢量相加得出，即

$$p = {}^B p + {}^A p_{Bo} \tag{2-10}$$

称上式为坐标平移方程。

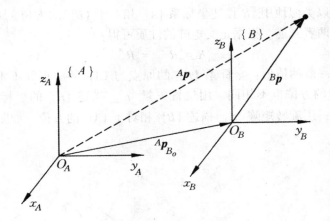

图2-3 平移坐标变换

（二）旋转坐标变换

设坐标系 $\{B\}$ 与 $\{A\}$ 有共同的坐标原点，但两者的方位不同，如图2-4所示。用旋转矩阵 R 描述 $\{B\}$ 相对于 $\{A\}$ 的方位。同一点 p 在两个坐标系 $\{A\}$ 和 $\{B\}$ 中的描述 ^{A}p 和 ^{B}p 具有如下变换关系：

$$^{A}p = {}^{A}_{B}R\,{}^{B}p \tag{2-11}$$

称上式为坐标旋转方程。

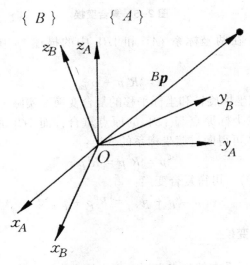

图2-4 旋转坐标变换

我们可以类似地用 $_A^BR$ 描述坐标系 $\{A\}$ 相对于 $\{B\}$ 的方位。$_A^BR$ 和 $_A^BR$ 都是正交矩阵，两者互逆。根据正交矩阵的性质可得：

$$_A^BR =_B^AR^{-1} =_B^AR^T \tag{2-12}$$

对于最一般的情形：坐标系 $\{B\}$ 的原点与 $\{A\}$ 的原点并不重合，$\{B\}$ 的方位与 $\{A\}$ 的方位也不相同。用位置矢量 $^Ap_{Bo}$ 描述 $\{B\}$ 的坐标原点相对于 $\{A\}$ 的位置；用旋转矩阵 $^Ap_{Bo}$ 描述 $\{B\}$ 相对于 $\{A\}$ 的方位，如图2-5所示。

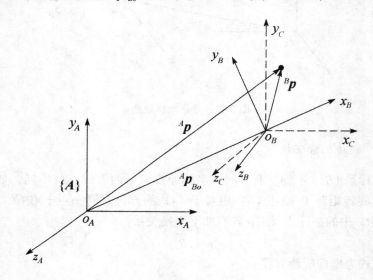

图2-5 复合变换

对于任一点 p 在两坐标系 $\{A\}$ 和 $\{B\}$ 中的描述 ^Ap 和 ^Bp 具有以下变换关系：

$$^Ap =_B^AR^Bp +^Ap_{Bo} \tag{2-13}$$

可把上式看成坐标旋转和坐标平移的复合变换。实际上，规定一个过渡坐标系 $\{C\}$ ，$\{C\}$ 的坐标原点与 $\{B\}$ 的原点重合，而 $\{C\}$ 的方位与 $\{A\}$ 的相同。据式（2-11）可得向过渡坐标系的变换：

$$^Cp =_B^CR^Bp =_B^AR^Bp \tag{2-14}$$

再由式（2-10），可得复合变换：

$$^Ap =^Cp +^Ap_{CO} =_B^AR^Bp +^Ap_{BO} \tag{2-15}$$

二、齐次坐标变换

已知一直角坐标系中的某点坐标，那么该点在另一直角坐标系中的坐标可通过齐次坐标变换求得。

（一）齐次变换

变换式（2-13）对于点 ^Bp 而言是非齐次的，但是可以将其表示成等价的齐次变换形式：

$$\begin{bmatrix} ^Ap \\ 1 \end{bmatrix} = \begin{bmatrix} ^A_BR & ^Ap_{B_O} \\ 0 & 1 \end{bmatrix} = \begin{bmatrix} ^Bp \\ 1 \end{bmatrix} \tag{2-16}$$

其中，4×1 的列向量表示三维空间的点，称为点的齐次坐标，仍然记为 ^Ap 或 ^Bp。可把上式写成矩阵形式：

$$^Ap = {}^A_BR\,^Bp \tag{2-17}$$

式中，齐次坐标 ^Ap 和 ^Bp 是 4×1 的列矢量，与式（2-13）中的维数不同，加入了第 4 个元素 1。齐次变换矩阵 ^A_BT 是 4×4 的方阵，具有如下形式：

$$^A_BT = \begin{bmatrix} ^A_BR & ^Ap_{B_O} \\ 0 & 1 \end{bmatrix} \tag{2-18}$$

^A_BT 综合地表示了平移变换和旋转变换。变换式（2-13）和式（2-14）是等价的，实质上，式（2-14）可写成：

$$^Ap = {}^A_BR\,^Bp + {}^Ap_{B_O}; \quad 1 = 1 \tag{2-19}$$

位置矢量 ^Ap 和 ^Bp 到底是 3×1 的直角坐标还是 4×1 的齐次坐标，要根据上下文关系而定。

（二）平移齐次坐标变换

空间某点由矢量 $ai + bj + ck$ 描述。其中，i，j，k 为轴 x，y，z 上的单位矢量。此点可用平移齐次交换表示为：

$$\mathrm{Trans}(a,\ b,\ c) = \begin{bmatrix} 1 & 0 & 0 & a \\ 0 & 1 & 0 & b \\ 0 & 0 & 1 & c \\ 0 & 0 & 0 & 1 \end{bmatrix} \tag{2-20}$$

其中，Trans 表示平移变换。

对已知矢量 $u = [x,\ y,\ z,\ w]^T$ 进行平移变换所得的矢量 v 为：

$$v = \begin{bmatrix} 1 & 0 & 0 & a \\ 0 & 1 & 0 & b \\ 0 & 0 & 1 & c \\ 0 & 0 & 0 & 1 \end{bmatrix} \begin{bmatrix} x \\ y \\ z \\ w \end{bmatrix} = \begin{bmatrix} x+aw \\ y+bw \\ z+cw \\ w \end{bmatrix} = \begin{bmatrix} x/w+a \\ y/w+a \\ z/w+a \\ 1 \end{bmatrix} \tag{2-21}$$

即可把此变换看作矢量 $(x/w)i + (y/w)j + (z/w)k$ 与矢量 $ai + bj + ck$ 之和。

用非零常数乘以变换矩阵的每个元素，不改变该变换矩阵的特性。

（三）旋转齐次坐标变换

对应于轴 x，y 或 z 作转角为 θ 的旋转变换，分别可得：

$$\text{Rot}(x,\ \theta) = \begin{bmatrix} 1 & 0 & 0 & 0 \\ 0 & c\theta & -s\theta & 0 \\ 0 & s\theta & c\theta & 0 \\ 0 & 0 & 0 & 1 \end{bmatrix} \qquad (2-22)$$

$$\text{Rot}(y,\ \theta) = \begin{bmatrix} c\theta & 0 & s\theta & 0 \\ 0 & 1 & 0 & 0 \\ -s\theta & 0 & c\theta & 0 \\ 0 & 0 & 0 & 1 \end{bmatrix} \qquad (2-23)$$

$$\text{Rot}(z,\ \theta) = \begin{bmatrix} c\theta & -s\theta & 0 & 0 \\ s\theta & c\theta & 0 & 0 \\ 0 & 0 & 1 & 0 \\ 0 & 0 & 0 & 1 \end{bmatrix} \qquad (2-24)$$

式中，Rot 表示旋转变换。下面我们举例说明这种旋转变换。

三、齐次变换的几何意义

（一）变换阵的块分解及其几何意义

根据以上讨论，对于任意齐次变换 T，可以将其分解为

$$T = \begin{bmatrix} a_{11} & a_{12} & a_{13} & p_x \\ a_{21} & a_{22} & a_{23} & p_y \\ a_{31} & a_{32} & a_{33} & p_z \\ 0 & 0 & 0 & 1 \end{bmatrix} = \begin{bmatrix} A_{11} & A_{12} \\ 0 & 1 \end{bmatrix} \qquad (2-25)$$

$$A_{11} = \begin{bmatrix} a_{11} & a_{12} & a_{13} \\ a_{21} & a_{22} & a_{23} \\ a_{31} & a_{32} & a_{33} \end{bmatrix} \qquad (2-26)$$

$$A_{11} = (p_x,\ p_y,\ p_z)^{\text{T}} \qquad (2-27)$$

式（2-26）表示活动坐标系在参考系中的方向余弦阵，即坐标变换中的旋转量；而式（2-27）表示活动坐标系原点在参考系中的位置，即坐标变换中的平移量。

（二）方向余弦阵的几个性质

方向余弦阵是正交矩阵，因此，矩阵中每行和每列中元素的平方和为1，即

$$\begin{cases} a_{11}^2 + a_{12}^2 + a_{13}^2 = 1 \\ a_{21}^2 + a_{22}^2 + a_{23}^2 = 1 \\ a_{31}^2 + a_{32}^2 + a_{33}^2 = 1 \\ a_{11}^2 + a_{21}^2 + a_{31}^2 = 1 \\ a_{12}^2 + a_{22}^2 + a_{32}^2 = 1 \\ a_{13}^2 + a_{23}^2 + a_{33}^2 = 1 \end{cases} \qquad (2-28)$$

方向余弦阵中两个不同列或不同行中对应元素的乘积之和为 0，即

$$\begin{cases} a_{11}a_{21} + a_{12}a_{22} + a_{13}a_{23} = 0 \\ a_{21}a_{31} + a_{22}a_{32} + a_{23}a_{33} = 0 \\ a_{31}a_{11} + a_{32}a_{12} + a_{33}a_{13} = 0 \\ a_{11}a_{12} + a_{21}a_{22} + a_{31}a_{32} = 0 \\ a_{12}a_{13} + a_{22}a_{23} + a_{32}a_{33} = 0 \\ a_{13}a_{11} + a_{23}a_{21} + a_{33}a_{31} = 0 \end{cases} \qquad (2-29)$$

因为方向余弦阵又是正交变换矩阵，因此

$$A_{11}^{-1} = A_{11}^{\mathrm{T}} \qquad (2-30)$$

另外，也是因为方向余弦阵是正交矩阵，所以齐次变换矩阵 T 是可逆的，即可进行可逆变换。它使活动坐标系返回到参考坐标系。

一般来说，若已知变换 T 为

$$T = \begin{bmatrix} n_x & o_x & a_x & p_x \\ n_y & o_y & a_y & p_y \\ n_z & o_z & a_z & p_z \\ 0 & 0 & 0 & 1 \end{bmatrix} \qquad (2-31)$$

那么，其逆变换为

$$T^{-1} = \begin{bmatrix} n_x & n_y & n_z & -P \cdot n \\ o_x & o_y & o_z & -P \cdot o \\ a_x & a_y & a_z & -P \cdot a \\ 0 & 0 & 0 & 1 \end{bmatrix} \qquad (2-32)$$

其中，P，n，o 和 a 是 4 个列向量，"·"表示向量的数量积。

第三节　物体的变换及逆变换

一、物体位置描述

我们可以用描述空间一点的变换方法来描述物体在空间的位置和方向。例如，图 2-6（a）所示物体可由固定该物体的坐标系内的 6 个点来表示。

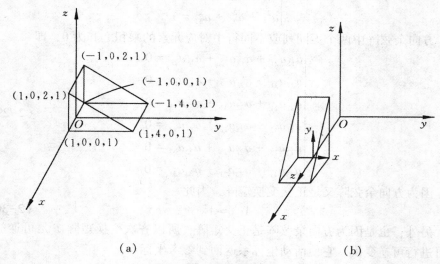

（a）　　　　　　　　　　　　　（b）

图 2-6　对楔形物体的变换

如果首先让物体绕 z 轴旋转 $90°$，接着绕 y 轴旋转 $90°$，再沿 x 轴方向平移 4 个单位，那么，可用下式描述这一变换：

$$T = \mathrm{Trans}(4,\ 0,\ 0)\,\mathrm{Rot}(y,\ 90)\,\mathrm{Rot}(z,\ 90) = \begin{bmatrix} 0 & 0 & 1 & 4 \\ 1 & 0 & 0 & 0 \\ 0 & 1 & 0 & 0 \\ 0 & 0 & 0 & 1 \end{bmatrix} \qquad (2\text{-}33)$$

这个变换矩阵表示对原参考坐标系重合的坐标系进行旋转和平移操作。

我们可对上述楔形物体的 6 个点变换如下：

$$\begin{bmatrix} 0 & 0 & 1 & 4 \\ 1 & 0 & 0 & 0 \\ 0 & 1 & 0 & 0 \\ 0 & 0 & 0 & 1 \end{bmatrix} \begin{bmatrix} 1 & -1 & -1 & 1 & 1 & -1 \\ 0 & 0 & 0 & 0 & 4 & 4 \\ 0 & 0 & 2 & 2 & 0 & 0 \\ 1 & 1 & 1 & 1 & 1 & 1 \end{bmatrix} = \begin{bmatrix} 4 & 4 & 6 & 6 & 4 & 4 \\ 1 & -1 & -1 & 1 & 1 & -1 \\ 0 & 0 & 0 & 0 & 4 & 4 \\ 1 & 1 & 1 & 1 & 1 & 1 \end{bmatrix}$$

$$(2-34)$$

变换结果见图 2-6（b）。由此图可见，这个用数字描述的物体与描述其位置和方向的坐标系具有确定的关系。

二、齐次变换的逆变换

给定坐标系 $\{A\}$，$\{B\}$ 和 $\{C\}$，若已知 $\{B\}$ 相对 $\{A\}$ 的描述为 ${}_B^A T$，$\{C\}$ 相对 $\{B\}$ 的描述为 ${}_C^B T$，则

$$^B p = {}_C^B T {}^C p \qquad\qquad (2-35)$$

$$^A p = {}_B^A T {}^B p = {}_B^A T {}_C^B T {}^C p \qquad\qquad (2-36)$$

定义复合变换

$$_C^A T = {}_B^A T {}_C^B T \qquad\qquad (2-37)$$

表示 $\{C\}$ 相对于 $\{A\}$ 的描述。据式（2-18）可得

$$_C^A T = {}_B^A T {}_C^B T = \begin{bmatrix} {}_B^A R & {}^A p_{B_O} \\ 0 & 1 \end{bmatrix} \begin{bmatrix} {}_C^B R & {}^B p_{C_O} \\ 0 & 1 \end{bmatrix} = \begin{bmatrix} {}_B^A R {}_C^B R & {}_B^A R {}^B p_{C_O} + {}^A p_{B_O} \\ 0 & 1 \end{bmatrix} \qquad (2-38)$$

从坐标系 $\{B\}$ 相对坐标系 $\{A\}$ 的描述 ${}_B^A T$，求得 $\{A\}$ 相对于 $\{B\}$ 的描述 ${}_A^B T$，是齐次变换求逆问题。一种求解方法是直接对 4×4 的齐次变换矩阵 ${}_B^A T$ 求逆；另一种是利用齐次变换矩阵的特点，简化矩阵求逆运算。下面首先讨论变换矩阵求逆方法。

对于给定的 ${}_B^A T$，求 ${}_A^B T$，等价于给定 ${}_B^A R$ 和 ${}^A p_{B_O}$，计算 ${}_A^B R$ 和 ${}^B p_{A_O}$。利用旋转矩阵的正交性，可得

$$_A^B R = {}_B^A R^{-1} = {}_B^A R^T \qquad\qquad (2-39)$$

再据式（2-39），求原点 ${}^A p_{B_O}$ 在坐标系 $\{B\}$ 中的描述

$$^B({}^A p_{B_O}) = {}_A^B R {}^A p_{B_O} + {}^B p_{A_O} \qquad\qquad (2-40)$$

$^B({}^A p_{B_O})$ 表示 $\{B\}$ 的原点相对于 $\{B\}$ 的描述，为 0 矢量，因而上式为 0，可得

$$^B p_{A_O} = -{}_A^B R {}^A p_{B_O} = -{}_B^A R^{T A} p_{B_O} \qquad\qquad (2-41)$$

综上分析，并据式（2-39）和式（2-41）经推算可得

$$_A^B T = \begin{bmatrix} {}_B^A R & -{}_B^A R^{T A} p_{B_O} \\ 0 & 1 \end{bmatrix} \qquad\qquad (2-42)$$

式中，$_A^BT = _B^AT^{-1}$。式（2-42）提供了一种求解齐次变换逆矩阵的简便方法。

三、变换方程初步

为了描述机器人的操作，必须建立起机器人各连杆之间，以及机器人与周围环境之间的运动关系，即要构建各种坐标系之间的坐标变换关系，从而描述机器人与环境之间的相对位姿关系。如图2-7（a）所示的一个夹持螺丝机器人的工作场景。

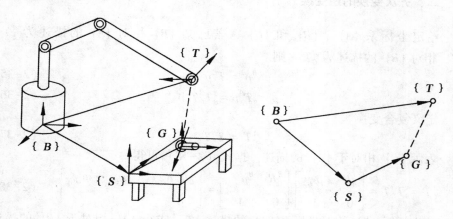

图2-7 变换方程及其有向变换图

在该工作场景中，$\{B\}$ 代表基坐标系，$\{T\}$ 是工具系，$\{S\}$ 是工作站系，$\{G\}$ 是目标系，它们之间的位姿关系可用相应的齐次变换来描述：

$_S^BT$ 表示工作站系 $\{S\}$ 相对于基坐标系 $\{B\}$ 的位姿；$_S^GT$ 表示目标系 $\{G\}$ 相对于 $\{S\}$ 的位姿；$_T^BT$ 表示工具系 $\{T\}$ 相对于基坐标系 $\{B\}$ 的位姿。

对物体进行操作时，工具系 $\{T\}$ 相对目标系 $\{G\}$ 的位姿 $_T^GT$ 直接影响操作效果。它是机器人控制和规划的目标，它与其他变换之间的关系可用一有向变换图来表示，如图2-7（b）所示，其中实线链条代表已知的或可以通过简单测量得到的变换，而虚线链条代表未知的变换。工具系 $\{T\}$ 相对于基坐标系 $\{B\}$ 的描述可用下列变换矩阵的乘积来表示：

$$_T^BT = _S^BT \, _S^GT \, _T^GT$$

(2-43)

建立起这样的矩阵变换方程后，当上述矩阵变换中只有一个变换未知时，就可以将这一未知的变换表示为其他已知变换的乘积的形式。对于图2-7所示的场景，如要求目标系 $\{G\}$ 相对于工具系 $\{T\}$ 的位姿 $_G^TT$，则可在式（2-

43）两边同时左乘 $_T^BT$ 的逆变换 $_T^BT^{-1}$，以及同时右乘 $_C^TT$，得到：

$$_C^TT = {_T^BT}^{-1}{_S^BT}{_C^ST}$$ （2-44）

这样就通过 3 个已知的变换求出了原本未知的变换 $_C^TT$。

第四节　通用旋转变换

一、通用旋转变换公式

设想 f 为坐标系 $\{C\}$ 的 z 轴上的单位矢量，即：

$$C = \begin{bmatrix} n_x & o_x & a_x & p_x \\ n_y & o_y & a_y & p_y \\ n_z & o_z & a_z & p_z \\ 0 & 0 & 0 & 1 \end{bmatrix}$$ （2-45）

$$f = a_x i + a_y j + a_z k$$ （2-46）

于是，绕矢量 f 旋转等价于绕坐标系 $\{C\}$ 的 z 轴旋转，即有：

$$\text{Rot}(f, \theta) = \text{Rot}(c_z, \theta)$$ （2-47）

如果已知以参考坐标描述的坐标系 $\{T\}$，那么能够求得以坐标系 $\{C\}$ 描述的另一坐标系 $\{S\}$，因为

$$T = CS$$ （2-48）

式中，S 表示 T 相对于坐标系 $\{C\}$ 的位置。对 S 求解得：

$$S = C^{-1}T$$ （2-49）

T 绕 f 旋转等价于 S 绕坐标系 $\{C\}$ 的 z 轴旋转：

$$\text{Rot}(f, \theta)T = C\text{Rot}(z, \theta)S$$

$$\text{Rot}(f, \theta)T = C\text{Rot}(z, \theta)C^{-1}T$$

于是可得：

$$\text{Rot}(f, \theta) = C\text{Rot}(z, \theta)C^{-1}$$ （2-50）

因为 f 为坐标系 $\{C\}$ 的 z 轴，所以对式（2-50）加以扩展可以发现 $C\text{Rot}(z, \theta)C^{-1}$ 仅仅是 f 的函数，因为

$$C\text{Rot}(z, \theta)C^{-1} = \begin{bmatrix} n_x & o_x & a_x & p_x \\ n_y & o_y & a_y & p_y \\ n_z & o_z & a_z & p_z \\ 0 & 0 & 0 & 1 \end{bmatrix} \begin{bmatrix} c\theta & -s\theta & 0 & 0 \\ s\theta & c\theta & 0 & 0 \\ 0 & 0 & 1 & 0 \\ 0 & 0 & 0 & 1 \end{bmatrix} \begin{bmatrix} n_x & n_y & n_z & 0 \\ o_x & o_y & o_z & 0 \\ a_x & a_y & a_z & 0 \\ 0 & 0 & 0 & 1 \end{bmatrix}$$

$$
= \begin{bmatrix} n_x & o_x & a_x & p_x \\ n_y & o_y & a_y & p_y \\ n_z & o_z & a_z & p_z \\ 0 & 0 & 0 & 1 \end{bmatrix} \begin{bmatrix} n_x c\theta - o_x s\theta & n_y c\theta - o_y s\theta & n_z c\theta - o_z s\theta & 0 \\ n_x s\theta - o_x c\theta & n_y s\theta + o_y c\theta & n_z s\theta + o_z c\theta & 0 \\ a_x & a_y & a_z & 0 \\ 0 & 0 & 0 & 1 \end{bmatrix}
$$

$=$

$$
\begin{bmatrix} n_x n_x c\theta - n_x o_x s\theta + n_x o_x s\theta + o_x o_x c\theta + a_x a_x & n_x n_y c\theta - n_x o_y s\theta + n_y o_x s\theta + o_y o_x c\theta + a_x a_y \\ n_y n_x c\theta - n_y o_x s\theta + n_x o_y s\theta + o_y o_x c\theta + a_y a_x & n_y n_y c\theta - n_y o_y s\theta + n_y o_y s\theta + o_y o_y c\theta + a_y a_y \\ n_z n_x c\theta - n_z o_x s\theta + n_x o_z s\theta + o_z o_x c\theta + a_z a_x & n_z n_y c\theta - n_z o_y s\theta + n_z o_x s\theta + o_y o_z c\theta + a_z a_y \\ 0 & 0 \end{bmatrix}
$$

$$
\begin{bmatrix} n_x n_z c\theta - n_x o_z s\theta + n_z o_x s\theta + o_z o_x c\theta + a_x a_z & 0 \\ n_y n_z c\theta - n_y o_z s\theta + n_z o_y s\theta + o_z o_y c\theta + a_y a_z & 0 \\ n_z n_z c\theta - n_z o_z s\theta + n_z o_z s\theta + o_z o_z c\theta + a_z a_z & 0 \\ 0 & 1 \end{bmatrix} \quad (2-51)
$$

根据正交矢量点积、矢量自乘、单位矢量和相似矩阵特征值等性质，并令 $z = a$，$\mathrm{vers}\theta = 1 - c\theta$，$f = z$，对式（2-51）进行化简（请读者自行推算）可得：

$$
\mathrm{Rot}(f,\ \theta) = \begin{bmatrix} f_x f_x \mathrm{vers}\theta + c\theta & f_y f_x \mathrm{vers}\theta - f_z s\theta & f_z f_x \mathrm{vers}\theta + f_y s\theta & 0 \\ f_x f_y \mathrm{vers}\theta + f_z s\theta & f_y f_y \mathrm{vers}\theta + c\theta & f_z f_y \mathrm{vers}\theta - f_y s\theta & 0 \\ f_x f_z \mathrm{vers}\theta - f_y s\theta & f_y f_z \mathrm{vers}\theta + f_x s\theta & f_z f_z \mathrm{vers}\theta + c\theta & 0 \\ 0 & 0 & 0 & 1 \end{bmatrix} \quad (2-52)
$$

这是一个重要的结果。

从上述通用旋转变换公式，能够求得各个基本旋转变换。例如，当 $f_x = 1$，$f_y = 0$ 和 $f_z = 0$ 时，$\mathrm{Rot}(f,\ \theta)$ 即为 $\mathrm{Rot}(x,\ \theta)$。若把这些数值代入式（2-52），即可得：

$$
\mathrm{Rot}(x,\ \theta) = \begin{bmatrix} 1 & 0 & 0 & 0 \\ 0 & c\theta & -c\theta & 0 \\ 0 & c\theta & c\theta & 0 \\ 0 & 0 & 0 & 1 \end{bmatrix}
$$

与式（2-22）一致。

二、等效转角与转轴

给出任一旋转变换，能够由式（2-52）求得进行等效旋转 θ 角的转轴。

已知旋转变换：

$$R = \begin{bmatrix} n_x & o_x & a_x & 0 \\ n_y & o_y & a_y & 0 \\ n_z & o_z & a_z & 0 \\ 0 & 0 & 0 & 1 \end{bmatrix} \tag{2-53}$$

令 $R = \mathrm{Rot}(f,\ \theta)$，即：

$$\begin{bmatrix} n_x & o_x & a_x & 0 \\ n_y & o_y & a_y & 0 \\ n_z & o_z & a_z & 0 \\ 0 & 0 & 0 & 1 \end{bmatrix} = \begin{bmatrix} f_x f_x \mathrm{vers}\theta + c\theta & f_y f_x \mathrm{vers}\theta - f_z s\theta & f_z f_x \mathrm{vers}\theta + f_y s\theta & 0 \\ f_x f_y \mathrm{vers}\theta + f_z s\theta & f_y f_y \mathrm{vers}\theta + c\theta & f_z f_y \mathrm{vers}\theta - f_x s\theta & 0 \\ f_x f_z \mathrm{vers}\theta - f_y s\theta & f_y f_z \mathrm{vers}\theta + f_x s\theta & f_z f_z \mathrm{vers}\theta + c\theta & 0 \\ 0 & 0 & 0 & 1 \end{bmatrix} \tag{2-54}$$

把上式两边的对角线项分别相加，并化简得：

$$n_x + o_y + a_z = (f_x^2 + f_y^2 + f_z^2)\,\mathrm{vers}\theta + 3c\theta = 1 + 2c\theta$$

以及

$$c\theta = \frac{1}{2}(n_x + o_y + a_z - 1) \tag{2-55}$$

把式（2-54）中的非对角线项成对相减可得：

$$\begin{aligned} o_z - a_y &= 2f_x s\theta \\ a_x - n_z &= 2f_y s\theta \\ n_y - o_x &= 2f_z s\theta \end{aligned} \tag{2-56}$$

对上式各行平方相加后得：

$$(o_x - a_y)^2 + (a_x - n_z)^2 + (n_y - o_x)^2 = 4s^2\theta^2$$

以及

$$s\theta = \pm\frac{1}{2}\sqrt{(o_x - a_y)^2 + (a_x - n_z)^2 + (n_y - o_x)^2} \tag{2-57}$$

把旋转规定为绕矢量 f 的正向旋转，使得 $0 \le \theta \le 180°$。这时，式（2-57）中的符号取正号。于是，转角 θ 被唯一地确定为：

$$\tan\theta = \frac{\sqrt{(o_x - a_y)^2 + (a_x - n_z)^2 + (n_y - o_x)^2}}{n_x + o_y + a_z - 1} \tag{2-58}$$

而矢量 f 的各分量可由式（2-56）求得：

$$\begin{aligned} f_x &= (o_x - a_y)/2s\theta \\ f_y &= (a_x - n_z)/2s\theta \\ f_z &= (n_y - o_x)/2s\theta \end{aligned} \tag{2-59}$$

第三章　机器人基本控制方法

本节主要介绍了机器人基本控制的方法，探讨了这些控制方法的具体实施与发展。这些控制方法的介绍对于机器人控制系统设计与实现具有一定的借鉴意义。

第一节　机器人路径规划方法及改进

一、路径规划的定义

路径规划是机器人研究领域的一个重要的分支，它指的是在存在障碍物的环境中，机器人根据自身的任务，能够按照一定的评价标准（时间最短、路径最短、耗能最少等），寻找出一条从起始状态（包括位置及姿态）到目标状态（包括位置及姿态）的无碰撞最优或次优路径。

路径规划问题定义如下：设 B 为一机器人系统，这一系统共具有 K 个自由度，并假设 B 在一个二维或三维空间 V 中，在一组几何性质已为该机器人系统所知的障碍物中，可以无碰撞运动。这样，对于 B 的路径规划问题即为：在空间 V 中，给定 B 的一个初始位姿 Z_1 和一个目标位姿 Z_2，以及一组障碍物，寻找一条从 Z_1 到 Z_2 的连续的避碰的最优路径，若该路径存在，则规划出这样一条运动路径二路径规划需待解决以下三个问题：

（1）使机器人能够从初始点运动到目标点。

（2）用一定的算法使机器人能够绕开障碍物并且经过某些必须经过的点。

（3）在完成上述任务的前提下尽量优化机器人运行轨迹。

机器人的路径规划问题可以看作为一个带约束条件的优化问题：当机器人处于简单或复杂、静态或动态、已知或未知的环境中时，其路径规划问题的研究内容包括环境信息的建模、路径规划、定位和避障等具体任务。路径规划是为机器人完成长期目标而服务的，因此路径规划是机器人的一种战略性问题求解能力。同时，作为自主移动机器人导航的基本环节之一，路径规划是完成复杂任务的基础，规划结果的优劣直接影响到机器人动作的实时性和准确性，规划算法的运算复杂度、稳定性也间接影响机器人的工作效率。因此，暗径规划是机器人高效完成作业的前提和保障，对路径规划进行研究，将有助于提高智能机器人的感知、规划以及控制等高层次能力。

二、机器人规划的方法分类

机器人路径规划的分类有很多，主要有以下六种。

1. 根据外界环境中障碍物是否移动进行划分

根据外界环境中障碍物是否移动，可以分为环境静止不变的静态规划以及障碍物运动的动态规划。

2. 根据目标是否已知划分

根据目标是否已知，可以分为空间搜索以及路径搜索。

3. 根据机器人所处环境的不同进行划分

根据机器人所处环境的不同，可以分为室内规划以及室外规划。

4. 根据规划方法的不同进行划分

根据规划方法的不同，可以分为精确式以及启发式。

5. 根据机器人系统中可控制的变量的数目是否少于其姿态空间维数进行划分

根据机器人系统中可控制的变量的数目是否少于其姿态空间维数，可以分为非完整系统的运动规划以及完整系统的路径规划。

6. 根据对外界信息的已知程度进行划分

根据对外界信息的已知程度，可以分为环境信息已知的全局路径规划（又称静态或静态路径规划）以及环境信息位置或部分已知的局部路径规划（又称动态或动态路径规划）。

三、静态路径规划与动态路径规划

（一）静态路径规划

1. 静态路径规划方法的过程

静态路径规划包括环境建模以及路径搜索两个子问题，该路径规划方法过程主要分为以下三个环节：

（1）利用相关环境建模技术划分环境空间。

（2）形成包含环境空间信息的搜索空间。

（3）搜索空间上应用各种搜索策略进行搜索。

2. 静态路径规划的主要方法

（1）栅格法。

栅格法的基本思想是将机器人的工作空间分解成一系列具有二值信息的网格单元，该网格单元即被称为栅格。每个栅格都由固定的值 1 或者 0 来表示，不同的数值用以表明该栅格是否存在障碍物。完成环境建模以后，可以利用搜索算法在地图上搜索一条从起始栅格到目标栅格的路径。

（2）自由空间法。

自由空间法采用结构空间描述机器人机器所处的环境，将机器人缩小成点，将其周围的障碍物及边界按照比例相应地扩大，使得机器人能够在自由空间中移动到任意一点，并且不会与障碍物及其边界发生碰撞。

采用自由空间法进行路径规划，需使用预先定义的广义锥形或凸多边形等基本形状构建自由空间，具体方法为从障碍物的一个顶点开始，依次做与其他顶点的连接线，使得连接折线与障碍物边界所围成的空间为面积最大的凸多边形。取各连接线段的中点，用折线依次连接到的网络即为机器人的可行路径。最后，通过一定的搜索策略得到最终的规划路径。自由空间法比较灵活，起始点和目标点的改变不会对连通图造成重构，可以实现对网络图的维护，但其缺点为障碍物密集的环境中，该方法可能会失效，且有时不能保证得到最短路径。

自由空间法适用于精度要求不高、机器人移动速度较慢的场合。

（3）可视图法。

可视图法是一种基于几何建模的路径规划方法，其将机器人视为一点，并利用机器人的起始点、终点以及各障碍物的顶点构造可视图。

具体方法为：将这些点进行连接，使某点与周围的某可视点相连，这样可保证相连的两点间不存在障碍物和边界，也即直线是可视的。此时，机器人的路径变为点之间的不与障碍物相交的连接线段，再利用某种搜索算法从中寻求最优路径。由于可视图中的路线都是无碰撞路径，因此可确保机器人能够躲避障碍，搜索最优路径的问题即转化为从起始点到目标点经过这些可视直线的最短距离问题。

可视图法可以寻求最短路径，但是缺乏灵活性，当机器人的起始点和目标点发生改变时，需重新构造可视图。

（二）动态路径规划

1. 动态路径规划的定义

当机器人对自身所处的环境信息部分已知或完全未知时，就无法采用离线的方法。此时机器人需利用自身所携带的传感器对环境进行探索，并对传感器反馈得到的信息进行进一步的处理分析以便进行实时的路径规划，即为动态路径规划。

2. 动态路径规划的必要性

未知环境下的机器人路径规划问题包括了机器探索、机器发现和机器学习的智能行为过程，在硬件设备（包括移动机器人平台、传感器设备和定位系统等）充分保证的情况下，机器人被赋予在没有预先环境信息的状况下从环境中给定的出发点出发，最终到达目标点的任务。在这一任务中，机器人的探索、发现是由传感器设备完成的，机器人对环境信息的学习和掌握是依靠指导其行为的算法过程实现的。考虑到大多数情况下，人类无法到达机器人的工作区域，由机器人利用传感器自主创建地图并进行在线的路径规划无疑将更具有广阔的应用前景。

3. 动态路径规划的优势与缺点

与离线规划方法相比，动态路径规划具有实时性和实用性，对动态环境有较强的适应能力，克服了离线规划的不足之处；但其缺点在于其仅依靠局部信息进行判断，因此有时会产生局部极值点或振荡，使得机器陷于某范围而无法顺利地到达目标点或者造成大量的路径冗余和计算浪费。

4. 动态路径规划的方法

动态路径规划的方法主要包括人工势场法、模糊逻辑算法、神经网络法和遗传算法等。

（1）人工势场法。

人工势场法的基本思想将机器人在环境中的运动看作为在虚拟人工力场中的运动。其中目标点产生引力势场，障碍物产生斥力势场，机器人在该虚拟势场中沿着合势场的负梯度方向进行运动即可得到一规划路径。

人工势场法是一种虚拟力的方法，目标点对机器人产生引力而障碍物点对机器人产生排斥力，机器人在目标点和障碍物点的合力下前进。其数学表达式简洁、计算量小、实时性高、反应速度快、规划路径平滑。同时，它还是一种较为成熟的方法，目前已经得到了广泛应用。

（2）模糊逻辑算法。

模糊逻辑算法是在美国加州大学伯克利分校的 Zadeh 教授于 1965 年创立

模糊集合理论的数学基础上发展起来的。其必须先要对传感器反馈得到的信息进行模糊化处理并输入模糊控制器，在先验知识的指导下，模糊控制器根据模糊规则控制机器人的运动。

模糊逻辑算法实时性较好，适用于未知环境下的路径规划，并且其能够处理对定量要求高、具有很多不确定数据的情况，因此具有很强的适应性。其缺点在于模糊规则难以获得，需根据先验知识，故灵活性较差。并且当输入量较多时，会造成推理规则的急剧膨胀和推理结果的极大不确定。

（3）神经网络法。

神经网络是一门新兴的交叉学科，兴起于 20 世纪 40 年代，它是一种应用类似于大脑神经突触联接的结构进行信息处理的数学模型，目前已经应用到了各领域中。具体到机器人的路径规划问题，其基本思想是将传感器系统反馈得到的信息作为网络的输入量，经过神经网络控制器处理之后进一步控制机器人的运动，即为神经网络的输出。

神经网络需要大量的原始数据样本集，然后需对其中重复的、冲突的和错误的样本进行剔除得到最终样本，对神经网络不断训练以得到满意的控制器。由于神经网络是一个高度并行的分布式系统，因此适用于实时性要求较高的机器人系统，其缺点在于难以确定合适的权值。

（4）遗传算法。

该方法是根据达尔文进化论以及孟德尔、摩根的遗传学理论，通过模拟生物进化的机制构造的人工系统。其基本思想是：首先初始化种群内的所有个体，然后进行选择、交叉、变异等遗传操作，经过若干代进化之后，输出当前最优的个体。

在实际的应用中，面对不同的工作环境、不同的规划任务、不同性能的机器人，不同的路径规划方法取得的效果也不一样。目前尚无一种规划方法能适用于所有的外界环境，往往是结合多种规划方法实现最优的路径规划。通常，可以综合使用静态路径规划与动态路径规划的方法，在正式执行任务之前，机器人根据可得到的环境信息进行全局的离线规划，而在行进过程中，机器人再根据传感器反馈得到的信息进行局部的实时在线规划。

四、机器人路径规划改进

机器人常用的路径规划的基本方法有许多，它们适用于不同的场合，但是它们在具体规划时存在着一些明显的不足之处。传统的人工势场法存在着局部极小值等问题，这些问题都限制了人工势场法在路径规划中的应用。下面我们就以人工势场法的改进为例，以便其更好地应用于机器人的路径规划中。

1. 势场函数改进法

（1）人工势场法中的势能函数问题及原因揭示。

对人工势场法中的势能函数进行改造可以有效解决其全局最小值（目标不可达）问题。产生全局最小值问题的原因是在目标点周围存在着障碍物，当机器人向目标点逼近的时候，同时也进入了障碍物的影响范围，造成的结果是目标点不是全局范围内的最小点，导致机器人无法正常抵达目标点。

（2）改进策略。

可以对斥力场函数进行改造，当机器人靠近目标点的时候，使斥力场趋近于零，这样就可以让目标点成为全局势能的最低点。改造后的斥力场函数表达式如下：

$$U_{rep}(q) = \begin{cases} \dfrac{1}{2}K_{rep}\left(\dfrac{1}{\rho(q)} - \dfrac{1}{\rho_0}\right)^2(X - X_g)^n, & \rho(q) \leqslant \rho_0 \\ 0, & \rho(q) > \rho_0 \end{cases} \qquad (3-1)$$

与原有的排斥函数相比较，改进后的函数增加了 $(X - X_g)^n$，该因子被称为距离因子，表示的是机器人与目标点之间的距离，X 是机器人的位置向量，X_g 是目标点在势场中的位置向量，n 为一个大于零的任意实数。

此时可得排斥力 F_{rep}：

$$F_{rep}(q) = -\nabla U_{rep}(q)$$
$$= \begin{cases} F_{rep1}(q) + F_{rep2}(q), & \rho(q) \leqslant \rho_0 \\ 0, & \rho(q) > \rho_0 \end{cases} \qquad (3-2)$$

式中

$$F_{rep1}(q) = K_{rep}\left(\dfrac{1}{\rho(q)} - \dfrac{1}{\rho_0}\right)\dfrac{1}{\rho^2(q)}(X - X_g)^n \dfrac{\partial \rho(q)}{\partial X} \qquad (3-3)$$

$$F_{rep2}(q) = -\dfrac{n}{2}K_{rep}\left(\dfrac{1}{\rho(q)} - \dfrac{1}{\rho_0}\right)^2(X - X_g)^{n-1}\dfrac{\partial (X - X_g)}{\partial X} \qquad (3-4)$$

改进后的排斥函数引入了距离因子，将机器人与目标点的距离纳入了考虑范围，从而保证了目标点是整个势场的全局最小点。

2. 虚拟目标点法

（1）机器人路径规划中的局部极小点问题。

采用势场函数改进的方法虽然可以解决目标不可达问题，但是在机器人的行进过程中，若在抵达目标点前的某一点受到的合力为零时，机器人将误以为抵达目标处，从而会停止前进或者在该点处来回振荡，导致路径规划失败，这个问题被称为局部极小点问题。

（2）采用虚拟目标点法改进局部极小点问题。

解决局部极小点问题的方法可以采用虚拟目标点法。该方法的基本思想是当机器人检测到自身已经陷入局部极小点之后，系统会在原有目标点附近增设一个虚拟的目标点。由于增设了虚拟目标点，会使机器人在局部极小值位置点受到的合力不为零。正是在该虚拟目标点产生的虚拟力的作用之下，可以使机器人摆脱局部极小值点继续前进。当机器人摆脱了局部极小值点之后撤销该虚拟目标点即可。该方法下机器人的受力分析图如图 3-1 所示。

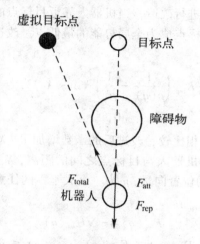

图 3-1 改进人工势场法受力分析

3. 混沌优化算法

（1）混沌优化算法的优势。

混沌人工势场法结合了传统的人工势场法和混沌优化算法，不仅可以解决目标不可达问题以及局部极小点问题，同时还可以解决机器人在相近障碍物间不能发现路径、障碍物前振荡和狭窄通道中摆动等问题。

（2）混沌现象及其特征。

混沌现象是自然界中的普遍现象，指的是一种在确定性系统中出现的介于规则和随机之间的现象。

混沌理论认为在混沌系统中，初始条件即便只是发生了微妙的变化，经过不断的放大之后，也会对未来的状态造成极大的影响。混沌现象与混乱现象、无规律现象相比具有一定的区别，其存在于绝大多数的非线性系统中，看似是随机现象但并非是真正的随机现象。

混沌现象具有以下三种显著的特征：

①随机性。

混沌现象表现出来的是一种类似于随机现象的杂乱无章的现象。

②遍历性。

混沌可以不重复地遍历一定范围内的所有状态。

③规律性。

混沌现象可以由确定性的迭代式产生。

正是由于混沌现象的遍历特性，使之成为人工势场法的改进方法成为可能。

（3）混沌优化算法对机器人路径的改进。

著名的 Logistic 映射

$$x_{n+1} = \mu x_n (1 - x_{n-1}), \quad n = 1, 2, \cdots \tag{3-5}$$

是混沌优化算法的基础。可以证明，当 $\mu = 4$ 时，该映射为 $[0, 1]$ 区间上的满射，因此利用该映射得到的混沌优化算法具有摆脱局部极小值的能力。

在混沌人工势场法中，是将势函数作为目标函数，控制变量为机器人行走的步长以及运动方向相对于世界坐标的夹角。其中，斥力势函数修改如下：

$$U_{\text{rep}i}(q) = \begin{cases} \dfrac{1}{2} K_{\text{rep}i} \left(\dfrac{1}{\rho(q)} - \dfrac{1}{\rho_0} \right)^2, & \rho(q) \leqslant \rho_0 \\ 0, & \rho(q) > \rho_0 \end{cases} \quad i = 1, 2, \cdots, n \tag{3-6}$$

式中，i 为第 i 个障碍物；$K_{\text{rep}i}$ 为正比例因子，其数值由障碍物的形状决定。则总的势场函数为

$$U(q) = U_{\text{att}}(q) + \sum_{i-1}^{n} U_{\text{rep}i}(q) \tag{3-7}$$

其中 n 表示工作环境中障碍物的数量，其包括了静止的障碍物以及移动的障碍物。

机器人在采用混沌人工势场法进行路径规划时，通过传感器获取外界的障碍物信息，每次采样之后即可通过混沌优化算法计算出最优步长和方向角，从而使机器人准确抵达下一位置。如此反复，直到机器人抵达目标点为止。

由于在实际应用中，机器人是通过传感器传递的障碍物信息进行实时规划的，因此会导致产生的路径出现突变点，从而导致规划出来的路径不平滑。因此，当势场函数 $U(q)$ 的值较小时，可以引入平滑因子：

$$U_{\text{s}} = \beta \frac{U_{\text{att}}(q) - U_{\text{rep}}(q)}{U_{\text{rep}}(q)} \tag{3-8}$$

其中 β 是由实际情况决定的正常数。此时，混沌优化算法应将 $U(q) + U_{\text{s}}$

作为目标函数，采用相似的方法即可得到相应的步长以及方向角。由于考虑了实时因素，因此机器人规划得到的路径是平滑的。

（4）对混沌算法进行仿真验证。

机器人的工作空间是平面上 10×10 区域，机器人的形状与大小忽略不计，机器人起始位置和最终需抵达的位置为（0，0）和（10，10）。设环境中存在两个障碍物，且以圆形表示，圆心坐标分别为（4.6，5.1）和（5.1，4.8）。

在这种情况下，机器人可能会陷入局部最小值点或出现振荡现象，从而不能顺利抵达目标位置。图 3-2 是机器人采用传统的人工势场法规划出的路径。从图中可以发现，在采用传统的人工势场法时，机器人最终是绕过了障碍物后抵达了目标点。图 3-3 是机器人采用基于混沌算法的人工势场法规划出的路径。从图中可知，采用了混沌优化算法后，虽然在两障碍物之间存在局部极小值点，机器人仍然可以直接通过两障碍物之间的狭窄空间·径直抵达目标点。从两图对比可知，混沌人工势场法规划出的路径明显优于传统方法。

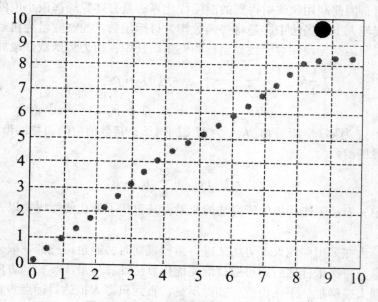

图 3-2　传统人工势场法规划出的路径

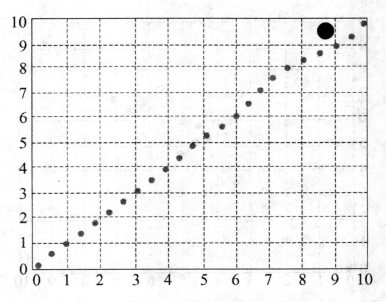

图3-3 混沌人工势场法规划出的路径

设机器人的起始点和目标点的位置分别为（0，0）和（10，10），但是在目标点位置处存在一障碍物，障碍物的圆心坐标为（8.8，9.6）。在这样的情况下，由于机器人在接近目标点的同时也在接近障碍物，会逐渐进入到障碍物的影响范围内，机器人所受到的引力越来越小而受到的斥力却越来越大，从而会使机器人可能不能顺利抵达目标点。图3-4所示的路径是采用传统的人工势场法生成的。可以看到当机器人逐渐接近目标点时，由于受到障碍物的影响，机器人突然转向并最终没有抵达目标点位置，此时的目标点并非是全局的最小值点。图3-5所示的是采用混沌人工势场法后机器人规划出的路径，从图中可以看出机器人可以绕过邻近目标点的障碍物并可最终抵达目标位置。通过对比可知，混沌人工势场法可以有效克服传统势场法的目标不可达问题。

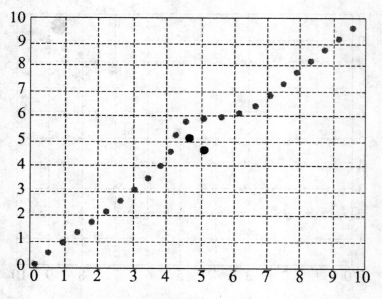

图3-4 传统人工势场法规划出的路径

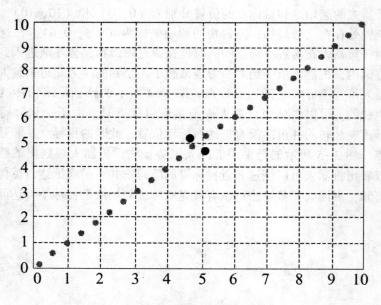

图3-5 混沌人工势场法规划出的路径

五、路径规划的发展趋势

随着移动机器人应用范围的扩大，移动机器人路径规划对规划技术的要求也越来越高，单个规划方法有时不能很好地解决某些规划问题，所以新的发展趋向于将多种方法相结合。

1. 基于反应式行为规划与基于慎思行为规划的结合

基于反应式行为的规划方法在能建立静态环境模型的前提下可取得不错的规划效果，但它不适合于环境中存在一些非模型障碍物（如桌子、人等）的情况。为此，一些学者提出了混合控制的结构，即将慎思行为与反应式行为相结合，可以较好地解决这种类型的问题。

2. 全局路径规划与局部路径规划的结合

全局规划一般是建立在已知环境信息的基础上，适应范围相对有限；局部规划能适用于环境未知的情况，但有时反应速度不快，对规划系统品质的要求较高，因此如果把两者综合就可以达到更好的规划效果。

3. 传统规划方法与新的智能方法之间的结合

一些新的智能技术近年来已被引入路径规划，也促进了各种方法的融合发展，例如人工势场与神经网络、模糊控制的结合等。

第二节　机器人关节控制

一、机器人关节伺服控制

大部分机器人的控制系统像 PUMA 机器人一样分为上位机和下位机。从运动控制的角度看，上位机作运动规划，并将手部的运动转化成各关节的运动，按控制周期传给下位机。下位机进行运动的插补运算及对关节进行伺服控制，所以常用多轴运动控制器作为机器人的关节控制器。多轴运动控制器的各轴伺服控制也是独立的，每个轴对应一个关节。多轴控制器已经商品化。这种控制方法并没有考虑实际机器人各关节的耦合作用，因此对于高速运动、变载荷控制的伺服性能也不会太好。实际上，可以对单关节机器人作控制设计，对于多关节、高速变载荷情况可以在单关节控制的基础上作补偿。

控制器设计的目的是使控制系统具有良好的伺服性能。下面以直流伺服电动机作为驱动元件为例说明单轴控制器的设计方法，采用固定定子励磁电压，控制电枢电压达到控制电动机转速、转角的目的，如图 3-6 所示。

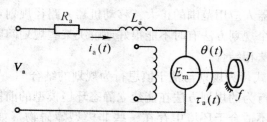

图 3-6　直流伺服电动机控制系统

系统的参数如下：

J——转子总惯量，包括电动机转子、减速器和手臂及手端载荷质量等效到电动机轴上的转动惯量；

f——折合到电动机转子上的总阻尼系数；

R_a——转子线圈电阻；

K_T——电动机力矩系数；

K_e——电动机反电动势常数；

V_a——电枢电压；

θ——电动机转角；

ω——电动机转速；

τ_a——电动机输出转矩。

对图 3-6 所示的系统，忽略转子线圈的电感，其数学模型为

$$R_a J \theta + (R_a f + K_T K_e) \dot{\theta} = K_T V_a \tag{3-9}$$

如果电动机转角和电枢输入电压的初始值为零，则可求此系统以 θ 为输出、V_a 以为输入的传递函数，即对式（3-9）两边取拉氏变换，得

$$G_d(s) = \frac{\Theta(s)}{V_a(s)} = \frac{K_T}{R_a f + K_e K_T} \frac{1}{s \left[\dfrac{R_a J}{R_a f + K_e K_T} \right]} = \frac{K_0}{s(T_0 s + 1)} \tag{3-10}$$

其中：$K_0 = \dfrac{K_T}{R_a f + K_e K_T}$；$T_0 = \dfrac{R_a J}{R_a f + K_e K_T}$。

注意到 $\tau_a = J\theta + f\dot{\theta}$，对上式两边进行拉氏变换得

$$\Theta(s) = \frac{1}{s(Js + f)} \tag{3-11}$$

将上述关系画成方框图如图 3-7 所示。

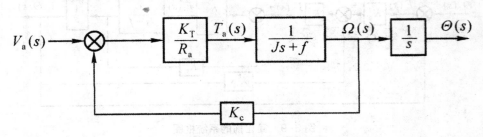

图 3-7　电枢电压 V_a 与输出角 Θ 的关系

因为变化的载荷及关节的耦合都可以引起 J 和 f 的变化，由图 3-7 可见系统也随之发生变化，因而要求对系统进行伺服控制。当给定信号用 θ_d 表示，实际输出为 θ，则偏差为

$$e = \theta_d - \theta \qquad (3-12)$$

对上式两边取拉氏变换后，得

$$E(s) = \Theta_d(s) - \Theta(s)$$

实际控制系统的偏差 e 以电压信号体现，要对它进行前置放大，设放大系数为 K_f，再进行功率放大，设放大系数为 K_g，则作用在电枢上的电压 $V_a(t)$ 为

$$V_a(t) = K_f K_g e$$

对上式取拉氏变换后，得

$$V_a(s) = K_f K_g E(s) \qquad (3-13)$$

为了保证系统的响应速度，需要对系统进行速度反馈，设反馈速度系数为 K_v。综上所述，可将图 3-7 所示的系统变换成图 3-8 所示的系统。简化框图 3-9，得图 3-10，此系统为典型 I 型系统。

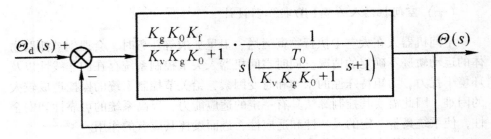

图 3-8　有位置反馈和速度反馈的控制系统

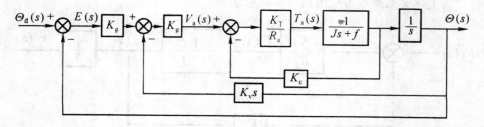

图 3-9　简化前的系统框图

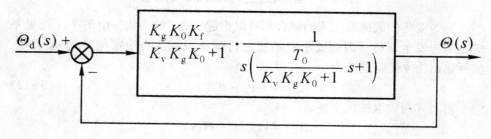

图 3-10　典型 I 型系统

其中：

$$K = \frac{K_g K_0 K_f}{K_v K_g K_0 + 1}, \quad T = \frac{T_0}{K_v K_g K_0 + 1} \tag{3-14}$$

由式（3-14）第 2 式可见，由于速度反馈系数 K_v 的存在可缩小时间常数 T，从而提高系统的响应速度。

二、空间机器人关节模糊 PID 控制器设计

（一）空间机器人关节 PID 控制器设计

空间机器人在太空中执行物资运送、卫星抓取等任务时，会遇到被抓取物体的运动轨迹不确定的情况。同时空间机器人关节控制系统存在的非线性以及环境干扰力、力矩特殊性的未知和时变因素，给关节控制系统的操控造成较大的困难。因此需要其控制算法具有一定的适应能力，提高系统的可靠性和安全性，使系统具备一定的灵巧性和适应性，进而发挥其应有的作用。

目前以无刷直流电机作为关节执行器的空间机器人关节控制系统中，主要采取复合控制、自适应控制、模糊控制、神经网络控制、PID 控制，且取得了

较显著的效果，基本达到了预期的目的①。但根据太空特殊的工作环境，以及关节控制系统在实际应用中存在的制约因素，想要凭借单一的控制算法获取期望的结果难度非常大。所以选用模糊 PID 控制算法来实现对它的控制。

1. PID 算法简介

PID 调节器的应用比较广泛，它是利用线性组合的方式将过程控制中出现的偏差所涉及的数据（Proportion，Integration，Differential）进行处理，以此来控制相应的控制对象。它是首批发展成型的控制算法之一，经过漫长的发展历程，凭借其简单的构造、较强的抗干扰性和鲁棒性，以及简易的调节性，成为工业控制重要技术之一。

PID 控制器在实际的生产、科研任务中应用最为广泛，但也经常在实际应用中暴露出非线性和不确定性，对系统的控制效果造成了负面的作用。为了更好地满足这种繁杂的作业条件和高标准的控制要求，很长时间以来，科学家致力于研发一种能够实现自我修正参数的 PID 算法。

在科学家们的艰苦探索下，以及在自动控制理论的持续发展下，PID 控制器逐步吸纳了一部分新的控制算法，在满足能够自整定参数的条件下，还保留了其结构简单、适用性广泛等优点。

PID 控制技术的发展可以归纳成两个阶段，在第一个阶段（1900—1940年）中，这项技术逐渐成熟，仪表工业的重心也逐渐转移至算法的设计当中。1940 年至今为第二个阶段，在此期间它逐渐成为一种鲁棒的、可靠性强的、易于应用于实际的控制器，且在体积不断缩小的同时，性能也得到了大幅的提升。

虽然当今各种优秀的控制方式不断被发现，但并未对 PID 控制器的地位造成巨大的影响。其根本原因在于，一些新技术在应用中需要与 PID 控制相结合，就使 PID 控制技术吸收了许多先进控制思想，为其注入了新的活力，并且激发了 PID 控制器的在参数整定方面的潜力。

模拟 PID 算法为了满足计算机控制技术的特点，对其进行了离散化从而产生了数字 PID 算法。可得数字 PID 控制算法如下：

$$u(k) = K_p e(k) + K_i \sum_{i=0}^{k} e(i) + K_d(e(k) - e(k-1)) \qquad (3-15)$$

其中 T 为采样周期，则 K_p、$K_i = K_p T/T_i$、$K_d = K_p T_d/T$ 依次为比例系数、积分系数、微分系数。一般而言，控制精度能够达到要求的前提是信号采样间隔

---

① 屈印，沈为群，宋子善. 基于专用 PWM 控制器的直流伺服位置系统［J］. 微计算机信息，2005（22）：59-61.

必须很小。上式是 PID 控制算法中的位置式算法。该公式进行推导可得（3-16）式：

$$u(k-1) = K_p e(k-1) + K_i \sum_{i=0}^{k=1} e(i) + K_d(e(k-1) - e(k-2))$$

$$(3-16)$$

令 $\Delta u(k) = u(k) - u(k-1)$ 则有：

$$\Delta u(k) = K_p(e(k) - e(k-1)) + K_i e(k) + K_d(e(k) - 2e(k-1) + e(k-2))$$

$$(3-17)$$

上式称作增量式 PID 算法，可进一步改写为：

$$\Delta u(k) = Ae(k) + Be(k-1) + Ce(k-2) + u(k-1) \qquad (3-18)$$

式中 $A = K_p(1 + T/T_i)$，$B = -K_p(1 + 2T_d/T)$，$C = K_p T_d/T$。由公式（3-17）和公式（3-18）可得：

$$u(K) = Ae(k) + Be(k-1) + Ce(k-2) + u(k-1) \qquad (3-19)$$

公式（3-15）和公式（3-19）并无本质区别，经比较公式（3-19）有如下 3 点优势：

（1）增量作为计算机的输出项可以减小误差带来的影响，并能够用逻辑决策方法将其去除。

（2）由于自动切换与人工切换造成的冲击不是很强烈，故在切换时可以平稳的进行。除此之外，控制器输出端的锁存器可以存储信号，即使计算机发生故障，也可以保证原来的值不会发生改变。

（3）对算式的值不必进行累积相加。最后 k 次采样得到的值可以决定控制增量的大小，也就是说仅仅利用加权的方法就可以达到理想的控制目标。

然而，积分截断效应强，静态误差以及溢出的影响大等弊端，决定了增量式控制仍需改善。所以，为了降低积分累计产生的误差，在实际应用中要对积分作用加以限幅，并当误差过零时及时将积分项清零。

2. PID 控制器的设计原理

如下图所示是 PID 控制系统框图，主要包含控制器以及被控对象两大部分。

PID 控制器对于线性的复杂过程可以工作得很好，其中它的控制偏差是预设值 $rin(t)$ 与工作时控制器输出值 $yout(t)$ 组成的：

$$error(t) = rin(t) - yout(t) \qquad (3-20)$$

PID 控制的思想是：

$$u(t) = K_P\left(error(t) + \frac{1}{T_I}\int_0^t error(t)\,dt + \frac{T_D error(t)}{dt}\right) \qquad (3-21)$$

或写成传递函数形式：

$$G(S) = \frac{U(S)}{E(S)} = K_p\left(1 + \frac{1}{T_I s} + T_D s\right) \qquad (3-22)$$

其中 K_p、K_I、K_D 依次为比例系数、积分时间常数、微分时间常数。

（二）空间机器人关节模糊 PID 控制器设计概况

1. 模糊算法简介

模糊控制技术包含学科种类繁杂，比较常见的是模糊数学、计算机科学、人工智能、知识工程，多种学科相互弥补协调，使其成为一类具有很大影响力的智能处理技术，通常将该技术所依据的理论知识称之为"模糊控制理论"。

在以模糊理论为基础的系统中，人们经常将控制系统的输出值引入到输入端，并将其与预设的阈值进行比较，以此决定系统的下一步动作，这样的系统是带有反馈机制的，它能够极大的提高控制精度，使得调整控制规则和输出量的输出值变得更为方便。该系统的主要特点如下：

（1）顾名思义，模糊理论比较适用于那些难以建立出确定数学模型的系统中，比如结构比较繁杂的系统以及模糊性对象。

（2）模糊控制具有智能和自主学习性，因为其知识表示、模糊规则以及合成推理均是经过实际验证、比较权威的经验，可通过学习不断进行更新。

（3）模糊控制系统的核心是模糊控制器。大多选择既具有数字控制的精确性又有软件编程的柔软性的微机、单片机为主体作为模糊控制器。

（4）模糊控制系统的人机交互界面设计合理，使用方法很容易为操作人员所掌握，并且更好地位操作者提供控制信息。

2. 模糊控制器设计

模糊控制器的作用在于通过处理器，根据精确量转化而来的模糊输入信息，按照语言控制规则进行模糊推理，给出模糊输出判决，将其转化为精确量，对被控对象进行控制作用。如图 3-11 所示，基本模糊控制系统包括模糊化处理、模糊推理和解模糊化控制三个环节。

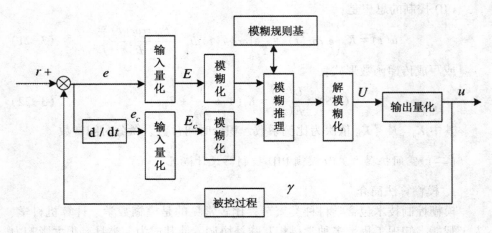

图 3-11　模糊控制系统框图

模糊控制器的设计原理如下所述：

（1）将精确的输入值进行模糊化的过程。

通常控制是用系统的实际输出值与设定的期望值比较，得到一个偏差，控制器根据这个偏差来决定如何对系统加以调整控制，甚至要用到偏差的变化率来综合判断。要用模糊控制技术就必须把它们转换为模糊集合的隶属函数。每一个输入值都对应一个模糊集合，为了便于工程实现，通常输入量的隶属函数可采用钟形、梯形和三角形，理论上钟形最为理想但计算复杂，为了简化计算实践中常采用三角形，然后是梯形。根据输入量的变化范围把其分为若干等级，每个等级作为一个模糊变量，并对应一个模糊子集合或者隶属函数。对误差 E、误差变化 E_C 的模糊集及其论域定义如下：

E、E_C 和 u 的模糊集均为：$\{NB, NS, NM, PS, Z, PB, PM\}$

E、E_C 的论域为：$\{-3, -2, -1, 0, 1, 2, 3\}$

（2）模糊规则的产生以及推理过程。

模糊规则的形成是把有经验的操作者或专家的控制知识和经验制定出若干模糊控制规则，为了能存入计算机，还必须对它进行形式化数学处理。这些规则可以用自然语言来表达，再模仿人的模糊逻辑推理过程，确定推理方法，这样计算机就可以用模糊化的输入量，根据制定的模糊控制规则和事先确定好的推理方法进行模糊推理并得到模糊输出量，即模糊输出隶属函数。据模糊集合和模糊关系理论，对于模糊控制器最常用的规则可以写为如下形式：

$$IF \quad A_1 \quad AND \quad B_1 \quad THEN \quad U_1$$
$$IF \quad A_1 \quad AND \quad B_2 \quad THEN \quad U_2$$

由此得到 A 与 B 的隶属度函数可表述如下：

$$\mu_U(x, y) = \vee \left[\mu_R(x, y, z) \wedge \mu_A(x) \wedge \mu_B(y)\right] \tag{3-23}$$

由此可知，如果知道输入 A 和 B 输出控制量 U，就可以求得它们的模糊关系 R，反之若知道模糊关系 R，就可根据输入量 A 和 B 求得输出控制量 U。

（3）对模糊输出量进行决策。

由上文可知，模糊控制系统的输出量是隶属度函数或者是模糊子集，这是模糊推理方法的新颖之处。现实中的自动化控制系统要求输出变量的值是确定的，所以模糊推理最终要从得到的隶属度函数中选取可能性最大的控制对象的模糊集合，就是所谓的解模糊判决。利用数学的方法可以将上述理论概括如下，即将系统输出的隶属度函数所在的空间映射到可用来进行最终判决的空间中。

3. 模糊 PID 控制器设计

为更好地改善位置控制系统的动态和稳态性能，减少系统转矩响应时间，将结合了人类控制经验的模糊逻辑控制，引入到常规 PID 控制策略中，对电机所在的位置方向产生的误差及其变化利用模糊概念对其划分等级，从而可得到以模糊 PID 理论为基础的无刷直流电机位置控制系统。

模糊 PID 控制既具备模糊控制自适应强也具备 PID 控制稳态误差小的特点，因而作为一种新型控制算法受到广泛关注。根据实现手段可将其进行划分为两种控制方法：其一是实时调整控制器的参数，以期达到参数自适应的目的；其二是把控制器产生的误差的阈值作为标准，并实现两类控制器之间的灵活平稳切换，其中模糊 PID 控制适用于切换过程中，PID 控制适用于切换前后的平稳过程中。在控制机器人关节的过程中，由于无刷直流电机的功率够大，且该类控制系统的实时性差、负荷量以及受控对象的改变幅度不是很大，故可选择模糊自适应 PID 控制，确保系统具有一定的自适应能力。

（1）模糊 PID 控制器的构成。

在控制系统中，把预设角度与电机实际输出值作对比，并把二者之间的误差以及误差的变化情况输入到模糊 PID 控制器中，接着 PID 控制器中的控制参数进行调整后当作系统的输出值，同时 PID 控制器中的参数会随着前者的输入量进行自适应调整。并把调整后的输出值重新送回 PID 控制器的输入端，以此构成模糊 PID 控制器，其系统框图如图 3-12 所示：

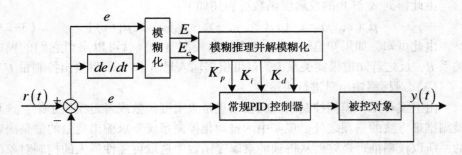

图 3-12 模糊 PID 控制系统框图

（2）模糊控制规则。

为符合不同时刻的 PID 参数自整定的需求，将误差 E 和误差变化量 EC 作为输入，尝试令被控对象优异动态与静态特性更加优秀。就系统控制的具体指标考虑，如响应速度、稳定性、超调量以及稳态误差，三种系数的作用效果如下所述：

①就系统而言，比例系数 K_p 能有效提升调节精度，减少响应时间。随着它的取值增长，调节精度变得更高，响应时间更短，但不可过大，一旦超出范围就会引发超调，影响系统的稳定性。然而若取值偏低，过度强调重视稳定性，则响应、调节时间又会过长，动态与静态特性难以保持优异。

②就系统而言，积分系数 K_i 可对稳态误差有效消除。它的取值越大，消除所用的时间就越短。若取值超出一定范围，过大过小都会带来负面影响。K_i 取值过大，会引起响应初期超调的增大，取值过小则稳态误差无法消除，系统精度难以有效提升。

③就系统而言，微分系数 K_d 针对其动态特性发挥改善作用，响应过程对偏差任意方向变化有效控制，同时作出相应预报。当取值过大时，响应过程的制动便过于考前，调节时间拉长，影响抗干扰能力。

综上所述，三个参数相辅相成相互影响，整定 PID 参数时要综合考虑、深入分析。

第三节 机器人轨迹控制

一、给定目标轨迹的方式

给定目标轨迹的方式有示教再现方式和数控方式两种。

(一) 示教再现方式

示教再现方式是在机器人工作之前，让机器人手端沿目标轨迹移动，同时将位置及速度等数据存入机器人控制计算机中。在机器人工作时再现所示教的动作，使手端沿目标轨迹运动。示教时使机器人手臂运动的方法有两种，一种是用示教盒上的控制按钮发出各种运动指令；另一种是操作者直接用手抓住机器人手部，使其手端按目标轨迹运动。轨迹记忆再现的方式有点位控制（PTP）和连续路径控制（CP），如图 3-13 所示一点位控制主要用于点焊作业、更换刀具或其他工具等情况。连续路径控制主要用于弧焊、喷漆等作业。PTP 控制中重要的是示教点处的位置和姿态，点与点之间的路径一般不重要，但在给机器人编制工作程序时，要求指出对点与点之间路径的情况，比如是直线、圆弧还是任意的。CP 控制按示教的方式又分两种：一种是在连续路径上示教许多点，使机器人按这些点运动时，基本上使实际路径与目标路径吻合；另一种是在示教点之间用直线或圆弧线插补。

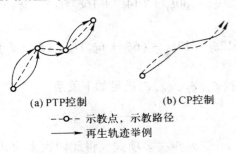

(a) PTP控制　　　　　(b) CP控制

－○－ 示教点，示教路径

⟶ 再生轨迹举例

图 3-13　PTP 控制和 CP 控制

(二) 数控方式

数控方式与数控机床的控制方式一样，是把目标轨迹用数值数据的形式给出。这些数据是根据工作任务的需要设置的。

　　无论是采用示教再现方式还是用数值方式，都需要生成点与点之间的目标轨迹。此种目标轨迹要根据不同的情况要求生成，但是也要遵循一些共同的原则。例如，生成的目标轨迹应是实际上能实现的平滑的轨迹；要保证位置、速度及加速度的连续性。保证手端轨迹、速度及加速度的连续性，是通过各关节变量的连续性实现的。

　　设手端在点 r_0 和 r_i 间运动，对应的关节变量为 q_0 和 q_f，它们可通过运动学逆问题算法求出。为了说明轨迹生成过程，把关节向量中的任意一个关节变量 q_i 记为 ξ，其初始值和终止值分别为

$$\xi(0) = \xi_0, \ \xi(t_f) = \xi_f \tag{3-24}$$

把这两时刻的速度和加速度作为边界条件，表示为

$$\dot{\xi}(0) = \dot{\xi}_0, \ \dot{\xi}(t_f) = \dot{\xi}_f \tag{3-25}$$

$$\ddot{\xi}(0) = \ddot{\xi}_0, \ \ddot{\xi}(t_f) = \ddot{\xi}_f \tag{3-26}$$

满足这些条件的平滑函数虽然有许多，但其中时间 t 的多项式是最简单的。能同时满足条件（3-24）到式（3-26）的多项式最低次数是 5，所以设

$$\xi(t) = a_0 + a_1 t + a_2 t^2 + a_3 t^3 + a_4 t^4 + a_4 t^4 + a_5 t^5 \tag{3-27}$$

其中的待定系数可求出如下：

$$a_0 = \xi_0, \ a_1 = \dot{\xi}_0, \ a_2 = \frac{1}{2}\ddot{\xi}_0,$$

$$a_3 = \frac{1}{2t_f^3}[20\xi_f - 20\xi_0 - (8\dot{\xi}_f + 12\dot{\xi})t_f - (3\ddot{\xi}_0 - \ddot{\xi}_f)t_f^2]$$

$$a_4 = \frac{1}{2t_f^4}[30\xi_0 - 30\xi_f + (14\dot{\xi}_f + 16\dot{\xi}_0)t_f + (3\ddot{\xi}_0 - 2\ddot{\xi}_f)t_f^2]$$

$$a_5 = \frac{1}{2t_f^5}[12\xi_f - 12\xi_0 - (6\dot{\xi}_f + 6\dot{\xi}_0)t_f - (\ddot{\xi}_0 - \ddot{\xi}_f)t_f^2]$$

当 $\ddot{\xi}_0 = \ddot{\xi}_f = 0$ 时，$\xi_0, \xi_f, \dot{\xi}_0, \dot{\xi}_f$ 满足如下关系

$$\xi_f - \xi_0 = \frac{1}{2}(\dot{\xi}_0 + \dot{\xi}_f)t_f \tag{3-28}$$

当 $a_5 = 0$ 时，$\xi(t)$ 变为四次多项式。将此四次多项式和直线插补结合起来，可给出多种轨迹。如图 3-14 所示，$\xi(t)$ 的起始位置 ξ_0 为静止状态，经加速、等速、减速，最后在 ξ_f 处停止。先选择加减速时间参数 Δ，然后确定中间辅助点 ξ_{02}, ξ_{f1}：首先让 $\xi_{01} = \xi_0, \xi_{f2} = \xi_f$，连接 ξ_{01}, ξ_{f2}。在连线上取 ξ_{02}，ξ_{f1}。如图 3-13 所示，$0 < t < 2\Delta$ 为加速区，$2\Delta \leqslant t \leqslant t_f - 2\Delta$ 为等速区，$t_f - 2\Delta$

$< t < t_f$ 为减速区。在点 ξ_0，ξ_{02}，ξ_{f1}，ξ_f 处的加速度为零，则在 ξ_0 和 ξ_{02} 之间的路径及 ξ_{f1} 和 ξ_f 之间的路径都可用 t 的四次多项式给出。如果对点 ξ_0，ξ_{02}，ξ_{f1}，ξ_f 处的加速度无要求，则这两段路径分别可用三次多项式给出。

由于机器人手端的位移、速度及加速度与关节变量间不是线性关系，通过生成平滑的关节轨迹不能保证生成平滑的手端路径，因此有必要首先直接生成手端的平滑路径，然后根据运动学逆问题求解关节位移、速度及加速度变化规律。

如果用 r_0 和 r_f 分别表示开始点和终止点手端位姿，要生成这两点间手端的平滑路径。由于对于手端某一位姿要用 6 个坐标来描述，其中 3 个表示位置，另 3 个表示姿态。分别把这 6 个坐标变量用 $\xi(t)$ 表示，用上述生成关节平滑轨迹的方法分别生成这些坐标变量，然后再用机器人正运动学计算出各关节的运动规律。

二、步行康复机器人轨迹控制方法

（一）步态轨迹生成

使用外骨骼助行腿对患者进行减重步行训练的目的，不仅仅是为了减轻理疗师的体力劳动，更重要的是让患者以人体生理学步态进行训练，只有这样患者康复后的行走才能接近正常的人体步态，因此助行腿步态轨迹的规划就显得尤为重要。本书 3 个关节的步态数据援引自临床步态分析（CGA）标准步态数据库，在一个步态周期内每个关节有 50 个采样点，该数据是通过正常人行走时的运动捕捉获得的[①]。

由 CGA 数据分析可知，人类生理步态各关节的轨迹是非线性的，助行腿在运动中不仅要经过一系列的中间点，而且在经过各中间点之间的时间间隔必须相等。即除位置约束外，还指定了运动的瞬时属性。为了满足等时间中间点的要求，本书采用连续变速的点到点（Point-to-Point，PTP）运动来实现助行腿轨迹控制。

以助行腿髋关节为例来计算关节角度对应的电机转角。髋关节所处零度的位置如图 3-14 所示。

---

① 陶泽勇，沈林勇，钱晋武．下肢步态矫形器轨迹控制设计 [J]．机电工程，2009，26（5）：1-3.

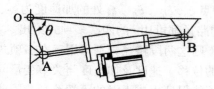

图 3-14　髋关节机构简图

驱动装置两端安装点（A、B）和关节旋转点（O）组成一个三角形 AOB，在运动过程中，AO、BO 的长度是不变的。设在零位时 AB 的长度为 AB_0，$\angle AOB = \theta_0$，当髋关节在此基础上转动一个角度 θ_1，此时 AB 长度为

$$AB = \sqrt{AO^2 + BO^2 - 2 \times AO \times BO \times \cos(\theta_0 + \theta_1)} \tag{3-29}$$

从而得到丝杆的伸长量 $\Delta L = AB - AB_0$，因为电机和丝杆螺母是减速同步带传动，丝杆行程和电机转角是固定比例关系，而电机转角所对应的位置脉冲数是由电机可设置的电子齿数比决定，那么就能很容易找到关节转角 θ_1 与电机转角位置脉冲数 P 的函数关系：

$$P = \frac{\Delta L}{S} \times \frac{P_G}{C_P} \times I \tag{3-30}$$

式中：

P ——到达目标角度所需要的电机位置脉冲数；

ΔL ——到达目标角度的丝杆伸长量；

S ——丝杆螺母的导程；

P_G ——伺服电机编码器分辨率；

C_P ——用户设定的电子齿数比；

I ——同步带轮的减速比。

设一个步态周期为时间 T（单位：秒），那么每两点的时间间隔是 $T/50$，从而得出电机转速 V 为：

$$V = P \times \frac{50}{T} \tag{3-31}$$

其中 P 为由式（3-30）得出的两点之间位置脉冲数，电机速度 V 的单位是脉冲数/秒。

（二）轨迹控制方法

1. 位置控制

为保证轨迹的控制精度，本课题中的驱动电机选用伺服电机，电机伺服模式选用位置伺服。此系统采用"位置+速度"的控制方式对助行腿轨迹进行半闭环控制。系统工作原理如图 3-15 所示，工控机相当于控制系统中的上位机，负责控制程序的实时运算，通过式（3-30）和式（3-31）计算出每个时间段的位置和速度，通过运动控制卡将指令输送给伺服系统，从而驱动电机通过减速齿轮和丝杆使得助行腿机构到达目标位置，循环地执行 CGA 步态数据就实现了步态的循环。因伺服驱动器到电机已构成位置和速度闭环，此系统也称为半闭环控制系统。此系统只能补偿环路内部传动链的误差，因此精度不高，但由于结构简单、调整方便，这种控制方式广泛地应用在各种数控系统中。

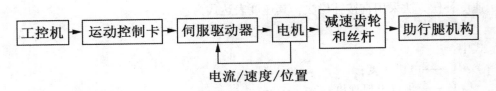

图 3-15　位置控制系统工作原理

2. 速度控制

伺服系统、传动机构和执行机构在运动过程中因放大、传动间隙和失动都会产生误差①，此外，助行腿机构本身也存在着加工和装配误差，因此，采用半闭环的控制策略并不能使各关节在运动过程中十分精确地按照所规划的轨迹进行运动。尤其因康复训练是长时间的循环训练，如果在整个过程中不进行误差补偿，则误差将会被反复不断地积累，最终导致步态训练轨迹紊乱。因此为了减小误差，应采用误差补偿来实现全闭环控制。

此控制策略采用"速度+采样时间"的控制方法对助行腿轨迹进行闭环控制。其工作原理如图 3-16 所示，在助行腿各关节处安装角度传感器，通过数据采集卡采集角度值并将其反馈到控制系统中，经比较环节得出位置偏差，再通过速度补偿控制器计算后采用实时速度插补的方法减小各轴运动时产生的位置误差。此控制系统是一种同时具有位置控制和速度控制功能的反馈控制系统。理论关节角度值与角度电位计检测值的差值就是位置误差，位置误差经过处理后作为速度补偿量输入给伺服系统，以此来减小误差。这种数字速度控制的优点在于采用数字信号，比传统速度伺服模式抗干扰能力强，而且应用系统简单，易于开发与实现②。

---

① 敖荣庆. 伺服系统 ［M］. 北京：航空工业出版社，2006.

② 蔡继祖，陈键. 基于运动控制器的伺服电机同步控制插补算法改进 ［J］. 广东工业大学学报，2008，25（3）：70-72.

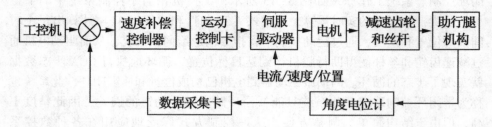

图 3-16　速度控制系统工作原理

速度补偿方法采用直接补偿法，其速度表达式为：

$$V = V_0 - V'$$ （3-32）

式中：

V——电机速度；

V_0——预设电机速度；

V'——速度补偿量。

通过式（3-31）计算得出，每一个采样时间都会计算一个预设速度；

V'计算公式如下：

$$V' = (P_S - P_L) \times \frac{50}{T}$$ （3-33）

式中：

P_S、P_L——测得的实际角度值 θ_S 和理论值 θ_L 通过式（3-29）和（3-30）计算得出的位置脉冲数；

T——设定的步态周期。

为了避免误差的积累，必须在每个采样周期改变速度值来减小位置误差。电机按照计算的速度运行相应时间，并通过传感器采集末端角度，根据角度与脉冲的关系将角度误差转化成位置脉冲误差，进而计算出速度补偿量并将其插补在下一个采样点里，尽可能地使助行腿的运动轨迹基本与期望值一致。

第四节　机器人的力控制

一、自然约束与人为约束

我们首先定义柔性坐标系（compliance frame）$o_c x_c y_c z_c$，它也被称为约束坐标系（constraint frame），在该坐标系中容易描述将要执行的任务。例如，在清洗窗户的应用中，我们可以在工具处定义一个坐标系，其 z_c 轴沿表面法线方向。那么，要完成的任务可以表述为在 z_c 方向保持恒定力，同时跟随 $x_c - y_c$ 平面中的一条预定轨迹。z_c 方向的这个位置约束源自刚性表面的存在，它是一个自然约束。另一方面，机器人施加在刚性表面 z_c 方向的力不受环境的制约。那么，z_c 方向的期望力将被视为一个必须由控制系统保持的人工约束。

图 3-17 中给出了一个典型任务，即轴孔装配问题。

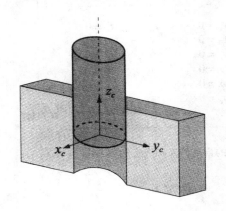

自然约束	人工约束
$v_x = 0$	$f_x = 0$
$v_y = 0$	$f_y = 0$
$f_z = 0$	$v_z = v_d$
$\omega_x = 0$	$n_x = 0$
$\omega_y = 0$	$n_y = 0$
$n_z = 0$	$\omega_z = 0$

图 3-17　轴孔装配图

如图所示，对于轴末端的柔性坐标系 $o_c x_c y_c z_c$，我们可以为 M 和 F 选取 R^6 中的标准正交基，在这种情况下，

$$\xi^T = v_x f_x + v_y f_y + v_z f_z + \omega_x n_x + \omega_y n_y + \omega_z n_z \tag{3-34}$$

如果我们假设孔和轴的外壁是完全刚性的，并且没有摩擦力，那么容易看出

$$v_x = 0 \quad v_y = 0 \quad f_z = 0$$
$$\omega_x = 0 \quad \omega_y = 0 \quad n_z = 0 \tag{3-35}$$

因此，对偶条件 $\xi^T F = 0$ 得到满足。公式（3-35）中给出的这些关系式被称为自然约束。审查公式（3-34），我们看到变量

$$f_x \quad f_y \quad v_z \quad n_x \quad n_y \quad \omega_z \tag{3-36}$$

受到环境的约束。换言之，给定公式（3-35）中的自然约束，对于上述公式（3-36）中变量的所有取值，对偶条件 $\xi^T F = 0$ 都成立。因此，对于必须通过控制系统来执行从而完成手头任务的这些变量，我们可以任意指定参考值，即所谓的人工约束。例如，在轴孔装配任务中，我们可以定义人工约束如下：

$$f_x = 0 \quad f_y = 0 \quad v_z = v^d$$
$$n_x = 0 \quad n_y = 0 \quad \omega_z = 0 \tag{3-37}$$

其中，v^d 是轴沿 z 方向插入时的期望速度。图 3-18 中展示了转动曲柄任务中的自然约束和人工约束。

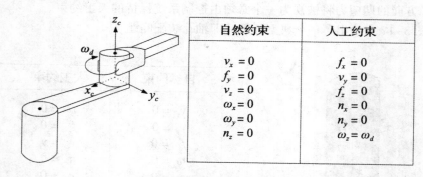

自然约束	人工约束
$v_x = 0$	$f_x = 0$
$f_y = 0$	$v_y = 0$
$v_z = 0$	$f_z = 0$
$\omega_x = 0$	$n_x = 0$
$\omega_y = 0$	$n_y = 0$
$n_z = 0$	$\omega_z = \omega_d$

图 3-18　转动曲柄任务中的自然约束和人工约束

二、顺应控制

顺应控制本质上也是力与位置混合控制。顺应控制分为两类，一类为被动式顺应控制，一类为主动式顺应控制。近年来又出现主动和被动相组合的方法。被动式顺应控制实质上是设计一种特殊的机械，这种装置是由 DRAP 实验室 Whitney 等人制作的，称作 RCC（Remote Center Compliance），见图 3-19。其具有多轴移动功能，可以调解工件的位置和角度误差，RCC 在插入轴方向上具有柔性中心，在这一点上作用一个力只产生力方向的直线位移，而在这点作用力矩只产生转动。近几年来'随着装配机器人应用的日益扩大，被动式顺应控制受到了人们的重视，可以利用低精度机械手进行高精度的装配作业。

被动柔性手腕响应速度很快，但它的设计针对性强，通用性不强，作业方位与重力方向有偏差时会影响机器人的定位精度。

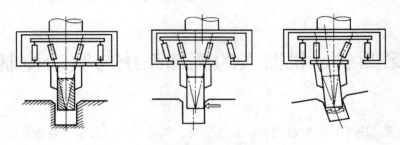

图 3-19　RRC 手

主动式顺应控制是在位置控制中，通过力传感器引入力信号，通过数据处理，采用适当的控制策略产生控制指令驱动机器人运动。这种方法一般采用机器人腕力传感器，它使用灵活、通用性强，被广泛地应用于机器人控制作业研究中。但单独使用腕力传感器存在一些问题，由于机器人腕力传感器刚度大，要求机器人的重复精度高，工件定位准确，否则一旦定位偏差过大，使作用力超出一定范围就会造成传感器及损伤。

主动与被动顺应相结合的方法是，通过力传感器来感知机器人手腕部所受到外力和力矩的大小、方向，根据被动 RCC 的刚度系数，将力信息变成相应的位置调整量，通过主控机控制机械手绕 RCC 顺应中心作适量的平移或旋转，使机械手末端所夹持的工件处于最佳位置和姿态，以保证所进行的操作顺利完成。

第四章　机器人的感知系统与驱动控制

最近，由于数字整合的需求日益增长，机器人感知系统愈来愈复杂，牵扯到的接口愈来愈多，对开放性和互操作性提出了越来越高的要求，缺乏统一的设计模型制约着我国机器人产业的发展，触发了对机器人感知系统设计的强烈需求。因此，本章就对感知系统进行了系统的探究，同时还对机器人的驱动控制进行了详细的探究。

第一节　机器人的感知系统

一、机器人感知的重要性

机器人的很多功能都是依靠传感器来实现的，近年来传感器技术得到迅猛发展，日益成熟完善，这在一定程度上推动着机器人技术的发展。

机器人自身工作状态的确定、机器人智能探测外部工作环境和对象状态等，都需要借助传感器这一重要部件来实现。目前触觉传感器、视觉传感器、角度传感器、压力传感器、接触传感器、超声传感器等多种类型的传感器都已经普遍被应用于机器人上。这些传感器使得机器人更具有感知功能，能够实现更加复杂的分析功能和更好完成工作，大大改善了机器人的工作状况。

随着传感器的不断发展，组合传感器的出现更是将视觉、听觉、热觉、压力等多类传感器组合在一起，形成体积更小、质量更轻、功能更集成的传感器。组合传感器在机器人设计中的应用，使得机器人拥有更灵敏的感知系统，能够更好地对外界环境做出相应的反应，更快速、准确地完成工作。

二、传感器的定义与性能要求

（一）传感器定义

传感器，英文名称 sensor，是一种检测装置，通常由敏感元件和转换元件组成。能感受到被测量的信息，并按一定的精确度把被测量转换为与之有确定对应关系的、便于应用的某种物理量输出，以满足信息的传输、处理、存储、显示、记录和控制等要求。它是实现自动检测和自动控制的首要环节。

（二）机器人对传感器的要求

1. 基本性能要求

（1）精度高、重复性好。

机器人传感器的精度直接影响机器人的工作质量。用于检测和控制机器人运动的传感器是控制机器人定位精度的基础。机器人是否能够准确无误地正常工作，往往取决于传感器的测量精度。

（2）稳定性好，可靠性高。

机器人传感器的稳定性和可靠性是保证机器人能够长期稳定可靠地工作的必要条件。机器人经常是在无人照管的条件下代替人来操作，如果它在工作中出现故障，轻者影响生产的正常进行，重者造成严重事故。

（3）抗干扰能力强。

机器人传感器的工作环境比较恶劣，它应当能够承受强电磁干扰、强振动，并能够在一定的高温、高压、高污染环境中正常工作。

（4）质量小、体积小、安装方便可靠。

对于安装在机器人操作臂等运动部件上的传感器，质量要小，否则会加大运动部件的惯性，影响机器人的运动性能。对于工作空间受到某种限制的机器人，对体积和安装方向的要求也是必不可少的。

2. 工作任务要求

现代工业中，机器人被用于执行各种加工任务，其中比较常见的加工任务有物料搬运、装配、喷漆、焊接、检验等。不同的加工任务对机器人提出不同的感觉要求。

多数搬运机器人目前尚不具有感觉能力，它们只能在指定的位置上拾取确定的零件。而且，在机器人拾取零件以前，除了需要给机器人定位以外，还需要采用某种辅助设备或工艺措施，把被拾取的零件准确定位和定向，这就使得加工工序或设备更加复杂。如果搬运机器人具有视觉、触觉和力觉等感觉能力，就会改善这种状况。视觉系统用于被拾取零件的粗定位，使机器人能够根据需要，寻找应该拾取的零件，并确定该零件的大致位置。触觉传感器用于感知被拾取零件的存在、确定该零件的准确位置，以及确定该零件的方向。触觉传感器有助于机器人更加可靠地拾取零件。力觉传感器主要用于控制搬运机器人的夹持力，防止机器人手爪损坏被抓取的零件。

装配机器人对传感器的要求类似于搬运机器人，也需要视觉、触觉和力觉等感觉能力。通常，装配机器人对工作位置的要求更高。现在，越来越多的机器人正进入装配工作领域，主要任务是销、轴、螺钉和螺栓等装配工作。为了使被装配的零件获得对应的装配位置，采用视觉系统选择合适的装配零件，并对它们进行粗定位，机器人触觉系统能够自动校正装配位置。

焊接机器人包括点焊机器人和弧焊机器人两类。这两类机器人都需要用位置传感器和速度传感器进行控制。位置传感器主要是采用光电式增量码盘，也可以采用较精密的电位器。

根据现在的制造水平，光电式增量码盘具有较高的检测精度和较高的可靠性，但价格昂贵。速度传感器目前主要采用测速发电机，其中交流测速发电机的线性度比较高，且正向与反向输出特性比较对称，比直流测速发电机更适合于弧焊机器人使用。为了检测点焊机器人与待焊工件的接近情况，控制点焊机器人的运动速度，点焊机器人还需要装备接近度传感器。弧焊机器人对传感器有一个特殊要求，需要采用传感器使焊枪沿焊缝自动定位，并且自动跟踪焊缝，目前完成这一功能的常见传感器有触觉传感器，位置传感器和视觉传感器。

环境感知能力是移动机器人除了移动之外最基本的一种能力，感知能力的高低直接决定了一个移动机器人的智能性，而感知能力是由感知系统决定的。移动机器人的感知系统相当于人的五官和神经系统，是机器人获取外部环境信息及进行内部反馈控制的工具，它是移动机器人最重要的部分之一。移动机器人的感知系统通常由多种传感器组成，这些传感器处于连接外部环境与移动机器人的接口位置，是机器人获取信息的窗口。机器人用这些传感器采集各种信息，然后采取适当的方法，将多个传感器获取的环境信息加以综合处理，控制机器人进行智能作业。

三、传感器作用

人类为了从外界获取信息，必须借助于眼、耳、口、鼻、身这些感觉器官。新技术革命到来，世界开始进入信息时代。在利用信息的过程中，首先要解决的就是如何获取准确可靠的信息，人类的感觉器官有时间、空间等方面的限制，更重要的是无法量化，这样在研究自然规律和生产活动时它们的功能就远远不够了。为了解决这一问题传感器应运而生，因此也可以说传感器是人类五官的延长，所以又称之为电五官，它是获取自然和生产领域中信息的主要途径与手段。

在现代工业生产尤其是自动化生产过程中，要用各种传感器来监视和控制生产过程中的各个参数，使设备工作在正常状态或最佳状态，并使产品达到最好的质量。因此可以说，没有众多优良的传感器，现代化生产也就失去了基础。

在基础学科研究中，传感器更具有突出的地位。现代科学技术的发展，进入了许多新领域：例如在宏观上要观察上千光年的茫茫宇宙，微观上要观察小到 fm 的粒子世界。此外，还出现了对深化物质认识、开拓新能源、新材料等具有重要作用的各种极端技术研究，如超高温、超低温、超高压、超高真空、超强磁场、超弱磁场，等等。显然，要获取大量人类感官无法直接获取的信息，没有相适应的传感器是不可能的。许多基础科学研究的障碍，首先就在于对象信息的获取存在困难，而一些新机理和高灵敏度的检测传感器的出现，往往会导致该领域内的突破。一些传感器的发展，往往是一些边缘学科开发的先驱。

传感器早已渗透到诸如工业生产、宇宙开发、海洋探测、环境保护、资源调查、医学诊断、生物工程、甚至文物保护等极其广泛的领域。可以毫不夸张地说，从茫茫的太空到浩瀚的海洋，以至各种复杂的工程系统，几乎每一个现代化项目，都离不开各种各样的传感器。

由此可见，传感器技术在发展经济、推动社会进步方面的重要作用是十分明显的。世界各国都十分重视这一领域的发展。相信不久的将来，传感器技术将会出现一个飞跃，达到与其重要地位相称的新水平。

四、常用传感器的特性

在选择合适的传感器以适应特定的需要时，必须考虑传感器多方面的不同特点。这些特点决定了传感器的性能、是否经济、应用是否简便以及应用范围等。在某些情况下，为实现同样的目标，可以选择不同类型的传感器。这时，在选择传感器前应该考虑以下一些因素。

1. 成本

传感器的成本是需要考虑的重要因素，尤其在一台机器需要使用多个传感器时更是如此。然而成本必须与其他设计要求相平衡，例如可靠性、传感器数据的重要性、精度和寿命等。

2. 尺寸

根据传感器的应用场合，尺寸大小有时可能是最重要的。

另外，体积庞大的传感器可能会限制关节的运动范围。因此，确保给关节传感器留下足够大的空间非常重要。

3. 重量

由于机器人是运动装置，所以传感器的重量很重要，传感器过重会增加操作臂的惯量，同时还会减少总的有效载荷。

4. 输出的类型（数字式或模拟式）

根据不同的应用，传感器的输出可以是数字量也可以是模拟量，它们可以直接使用，也可能必须对其进行转换后才能使用。例如，电位器的输出是模拟量，而编码器的输出则是数字量。如果编码器连同微处理器一起使用，其输出可直接传输至处理器的输入端，而电位器的输出则必须利用模数转换器（ADC）转变成数字信号。

5. 接口

传感器必须能与其他设备相连接，如微处理器和控制器。倘若传感器与其他设备的接口不匹配或两者之间需要其他的额外电路，那么需要解决传感器与设备间的接口问题。

6. 分辨率

分辨率是传感器在测量范围内所能分辨的最小值。在绕线式电位器中，它等同于一圈的电阻值。在一个 n 位的数字设备中，分辨率 = 满量程 $/2^n$。例如，四位绝对式编码器在测量位置时，最多能有 $2^4 = 16$ 个不同等级。因此，分辨率是 $360°/16 = 22.5°$。

7. 灵敏度

灵敏度是输出响应变化与输入变化的比。高灵敏度传感器的输出会由于输入波动（包括噪声）而产生较大的波动。

8. 线性度

线性度反映了输入变量与输出变量间的关系。这意味着具有线性输出的传感器在其量程范围内，任意相同的输入变化将会产生相同的输出变化。几乎所有器件在本质上都具有一些非线性，只是非线性的程度不同。

在一定的工作范围内，有些器件可以认为是线性的，而其他一些器件可通过一定的前提条件来线性化。如果输出不是线性的，但已知非线性度，则可以通过对其适当地建模、添加测量方程或额外的电子线路来克服非线性度。

9. 量程

量程是传感器能够产生的最大与最小输出之间的差值，或传感器正常工作时最大和最小输入之间的差值。

10. 响应时间

响应时间是传感器的输出达到总变化的某个百分比时所需要的时间，它通常用占总变化的百分比来表示，例如 95%。响应时间也定义为当输入变化时，观察输出发生变化所用的时间。例如，简易水银温度计的响应时间长，而根据辐射热测温的数字温度计的响应时间短。

11. 频率响应

假如在一台性能很高的收音机上接上小而廉价的扬声器，虽然扬声器能够复原声音，但是音质会很差，而同时带有低音及高音的高品质扬声器系统在复原同样的信号时，会具有很好的音质。这是因为两喇叭扬声器系统的频率响应与小而廉价的扬声器大不相同。因为小扬声器的自然频率较高，所以它仅能复原较高频率的声音。而至少含有两个喇叭的扬声器系统可在高、低音两个喇叭中对声音信号进行还原，这两个喇叭一个自然频率高，另一个自然频率低，两个频率响应融合在一起使扬声器系统复原出非常好的声音信号（实际上，信号在接入扬声器前均进行过滤）。只要施加很小的激励，所有的系统就都能在其自然频率附近产生共振。随着激振频率的降低或升高，响应会减弱。频率响应带宽指定了一个范围，在此范围内系统响应输入的性能相对较高。频率响应的带宽越大，系统响应不同输入的能力也越强。考虑传感器的频率响应和确定传感器是否在所有运行条件下均具有足够快的响应速度是非常重要的。

12. 可靠性

可靠性是系统正常运行次数与总运行次数之比，对于要求连续工作的情况，在考虑费用以及其他要求的同时，必须选择可靠且能长期持续工作的传感器。

13. 精度

精度定义为传感器的输出值与期望值的接近程度。对于给定输入，传感器有一个期望输出，而精度则与传感器的输出和该期望值的接近程度有关。

14. 重复精度

对同样的输入，如果对传感器的输出进行多次测量，那么每次输出都可能不一样。重复精度反映了传感器多次输出之间的变化程度。通常，如果进行足够次数的测量，那么就可以确定一个范围，它能包括所有在标称值周围的测量结果，那么这个范围就定义为重复精度。通常重复精度比精度更重要，在多数情况下，不准确度是由系统误差导致的，因为它们可以预测和测量，所以可以进行修正和补偿。重复性误差通常是随机的，不容易补偿。

五、传感器分类

传感器千差万别，种类繁多，分类方法也不尽相同，常用的分类方法有以下几种。

1. 按被测物理量分类

传感器按其被测物理量分类可分为温度传感器、压力传感器、流量传感器、位移传感器、能耗传感器、速度传感器、加速度传感器、磁场传感器、光通量传感器，等等。这种分类方法较明确地表达了传感器的用途，便于使用者选用。

2. 按工作原理分类

传感器按其工作原理分类可分为电阻式传感器、电感式传感器、电容式传感器、热电式传感器、压电式传感器、光电式传感器，等等。

3. 按能量关系分类

传感器按其能量关系分类可分为有源传感器和无源传感器两大类。有源传感器可将非电能量转换为电能量，如压电式、热电式、磁电式传感器等。无源传感器本身不是一个换能器，被测非电量仅对传感器中的能量起控制或调节作用，所以它们必须具有辅助能源，这类传感器有电阻式、电容式和电感式传感器等。

4. 按输出信号的性质分类

传感器按其输出信号的性质分类可分为模拟传感器和数字传感器两大类。模拟传感器输出信号为连续变化的模拟信号，数字传感器输出信号仅为高、低电平的数字信号。

此外，传感器还可按其制造工艺、结构构成、作用形式等方法进行分类。

六、常用内部传感器

（一）位置传感器

当前机器人系统中应用的位置传感器一般为编码器。所谓编码器即是将某种物理量转换为数字格式的装置。机器人运动控制系统中编码器的作用是将位置和角度等参数转换为数字量。可采用电接触、磁效应、电容效应和光电转换等机理，形成各种类型的编码器，最常见的编码器是光电编码器。

图4-1所示为透射式旋转光电编码器及其光电转换电路。在与被测轴同心的码盘上刻制了按一定编码规则形成的遮光和透光部分的组合。在码盘的一

边是发光管，另一边是光敏器件。码盘随着被测轴的转动使得透过码盘的光束产生间断，通过光电器件的接收和电子线路的处理，产生特定电信号的输出，再经过数字处理可计算出位置和速度信息。

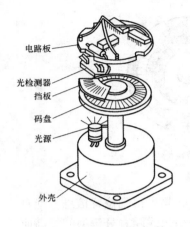
（a）透射式旋转光电编码器

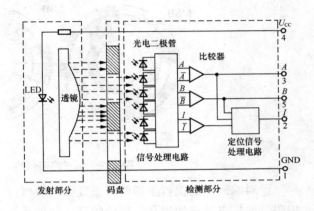
（b）透射式旋转光电编码器光电转换电路

图4-1　透射式旋转光电编码器及原理图

光电编码器根据检测角度位置的方式分为绝对型编码器和增量型编码器两种。

1. 绝对型光电编码器

绝对型编码器有绝对位置的记忆装置，能测量旋转轴或移动轴的绝对位置，因此在机器人系统中得到大量应用。一般情况下，绝对编码器的绝对零位的记忆依靠不间断的供电电源，目前一般使用高效的锂离子电池进行供电。绝对编码器的码盘由多个同心的码道（Track）组成，这些码道沿径向顺序具有各自不同的二进制权值。每个码道上按照其权值划分为遮光和投射段，分别代表二进制的0和10与码道个数相同的光电器件分别与各自对应的码道对准并沿码盘的半径直线排列。通过这些光电器件的检测可以产生绝对位置的二进制编码。绝对编码器对于转轴的每个位置均产生唯一的二进制编码，因此可用于确定绝对位置。

这里以4位绝对码盘来说明旋转式绝对编码器的工作原理，如图4-2所示。图4-2（a）的码盘采用标准二进制编码，其优点是可以直接用于进行绝对位置的换算。但是这种码盘在实际中很少采用，因为它在两个位置的边缘交替或来回摆动时，由于码盘制作或光电器件排列的误差会产生编码数据的大幅度跳动，导致位置显示和控制失常。因此绝对编码器一般采用图4-2（b）的称为格雷码的循环二进制码盘。格雷编码的特点是相邻两个数据之间只有一位数据变化，因此在测量过程中不会产生数据的大幅度跳动即通常所谓的不确定或模糊现象。

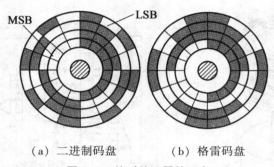

（a）二进制码盘　　　　（b）格雷码盘

图4-2　绝对编码器的码盘

绝对编码器的优点是即使静止或关闭后再打开，均可得到位置信息。绝对编码器的缺点是结构复杂、造价较高。此外其信号引出线随着分辨率的提高而增多。

随着集成电路技术的发展，已经有可能将检测机构与信号处理电路、解码电路乃至通信接口组合在一起，形成数字化、智能化或网络化的位置传感器。例如已有集成化的绝对编码器产品将检测机构与数字处理电路集成在一起，其输出信号线数量减少为只有数根，可以是分辨率为12位的模拟信号，也可以是串行数据。

2. 增量型旋转光电编码器

增量型光电编码器是普遍的编码器类型，这种编码器在一般机电系统中的应用非常广泛。对于一般的伺服电机，为了实现闭环控制，与电机同轴安装有光电编码器，可实现电机的精确运动控制。

增量型编码器能记录旋转轴或移动轴的相对位置变化量，却不能给出运动轴的绝对位置，因此这种光电编码器通常用于定位精度不高的机器人，如喷涂、搬运、码踩机器人等。

增量编码器的码盘如图4-3所示。在现代高分辨率码盘上，透射和遮光部分都是很细的窄缝和线条，因此也被称为圆光栅。相邻的窄缝之间的夹角称为栅距角，透射窄缝和遮光部分大约各占栅距角的1/2。码盘的分辨率以每转计数表示，亦即码盘旋转一周在光电检测部分可产生的脉冲数。在码盘上往往还另外安排一个（或一组）特殊的窄缝，用于产生定位（Index）或零位（Zero）信号。测量装置或运动控制系统可以利用这个信号产生回零或复位操作。

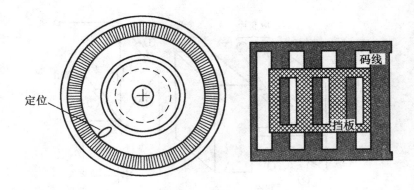

图 4-3　增量型光电编码器的码盘与挡板

　　如果不增加光学聚焦放大装置，让光电器件直接面对这些光栅，那么由于光电器件的几何尺寸远远大于这些栅线，即使码盘动作，光电器件的受光面积上得到的总是透光部分与遮光部分的平均亮度，导致通过光电转换得到的电信号不会有明显的变化，不能得到正确的脉冲波形。为了解决这个问题，如图4-3 所示，在光路中增加一个固定的与光电器件的感光面几何尺寸相近的挡板（Mask），挡板上安排若干条几何尺寸与码盘主光栅相同的窄缝。当码盘运动时，主光栅与挡板光栅的覆盖就会变化，导致光电器件上的受光量产生明显的变化，从而通过光电转换检测出位置的变化。

　　（二）加速度传感器

　　作为抑制振动问题的对策，有时在机器人的各杆件上安装加速度传感器，测量振动加速度，并把它反馈到杆件底部的驱动器上，有时把加速度传感器安装在机器人末端执行器上，将测得的加速度进行数值积分，加到反馈环节中，以改善机器人的性能。从测量振动的目的出发，加速度传感器日趋受到重视。

　　1. 应变片加速度传感器

　　Ni-Cu 或 Ni-Cr 等金属电阻应变片加速度传感器是一个由板簧支承重锤所构成的振动系统，板簧上下两面分别贴两个应变片（见图 4-4）。应变片受振动产生应变，其电阻值的变化通过电桥电路的输出电压被检测出来。除了金属电阻外，Si 或 Ge 半导体压阻元件也可用于加速度传感器。

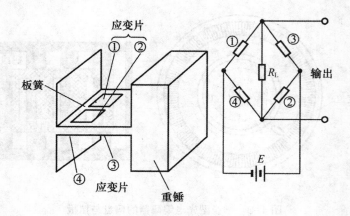

图 4-4　应变片加速度传感器

2. 伺服加速度传感器

伺服加速度传感器检测出与振动系统重锤位移成比例的电流，把电流反馈到恒定磁场中的线圈，使重锤返回到原来的零位移状态。由于重锤没有几何位移，因此这种传感器与前一种相比，更适用于较大加速度的系统。

首先产生与加速度成比例的惯性力 F，它和电流 i 产生的复原力保持平衡。根据弗莱明左手定则，F 和 i 成正比（比例系数为 K），关系式为 $F = ma = Ki$。这样，根据检测的电流 Z 可以求出加速度。

3. 压电加速度传感器

压电加速度传感器利用具有压电效应的物质，将产生加速度的力转换为电压。这种具有压电效应的物质，受到外力发生机械形变时，能产生电压；反之，外加电压时，也能产生机械形变。

设压电常数为 d，则加在元件上的应力 F 和产生电荷 Q 的关系式为 $Q = dF$。

设压电元件的电容为 C，输出电压为 U，则 $U = Q/C = dF/C$，其中 U 和 F 在很大动态范围内保持线性关系。

压电元件的形变有三种基本模式：压缩形变、剪切形变和弯曲形变，如图 4-5 所示。图 4-6 是利用剪切方式的加速度传感器结构图。

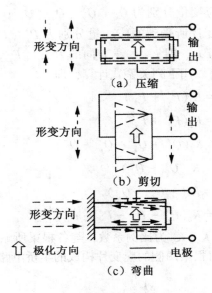

图 4-5　形变的三种基本模式

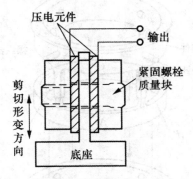

图 4-6　剪切方式的加速度传感器

（三）力觉传感器

力觉传感器用于测量两物体之间作用力的三个分量和力矩的三个分量。机器人腕力传感器发送其依次从部分的偏移（由作用力和力矩产生的），以测量机器人最后一个连杆与其端部执行装置之间的作用力及力矩分量。

1. 筒式腕力传感器

图 4-7 所示为一种筒式 6 自由度腕力传感器，主体为铝圆筒，外侧有 8 根梁支撑，其中 4 根为水平梁，4 根为垂直梁。水平梁的应变片贴于上、下两

侧，设各应变片所受到的应变量分别为 Q_x^+、Q_y^+、Q_x^-、Q_y^-；而垂直梁的应变片贴于左右两侧，设各应变片所受到的应变量分别为 P_x^+、P_y^+、P_x^-、P_y^-。那么，施加于传感器上的6维力，即 x、y、z 方向的力 F_x、F_y、F_z 以及 x、y、z 方向的转矩 M_x、M_y、M_z 可以用下列关系式计算，即

$$\left.\begin{aligned}
F_x &= K_1(P_y^+ + P_y^-) \\
F_y &= K_2(P_x^+ + P_x^-) \\
F_z &= K_3(Q_x^+ + Q_x^- + Q_y^+ + Q_y^-) \\
M_x &= K_4(Q_y^+ - Q_x^-) \\
M_y &= K_5(- Q_x^+ - Q_x^-) \\
M_z &= K_6(P_x^+ - P_x^- - P_y^+ + P_y^-)
\end{aligned}\right\} \qquad (4-1)$$

式中，K_1、K_2、K_3、K_4、K_5、K_6 为比例系数，与各根梁所贴应变片的应变灵敏度有关，应变量由贴在每根梁两侧的应变片构成的半桥电路测量。

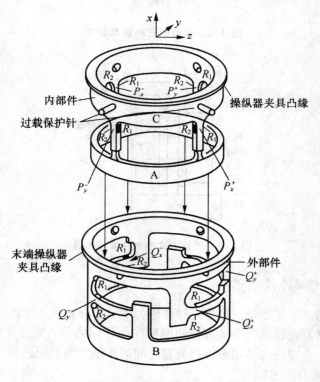

图 4-7　筒式 6 自由度腕力传感器

2. 十字腕力传感器

图 4-8 所示为挠性十字梁式腕力传感器，用铝材切成十字框架，各悬梁外端插入圆形手腕框架的内侧孔中，悬梁端部与腕框架的接合部装有尼龙球，目的是为使悬梁易于伸缩。此外，为了增加其灵敏性，在与梁相接处的腕框架上还切出窄缝。十字形悬梁实际上是一整体，其中央固定在手腕轴向。

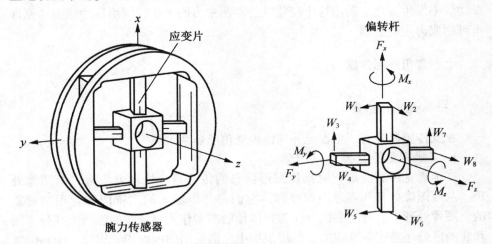

图 4-8　挠性十字梁式腕力传感器

应变片贴在十字梁上，每根梁的上下左右侧面各贴一片应变片。相对面上的两片应变片构成一组半桥，通过测量一个半桥的输出，即可检测一个参数。整个手腕通过应变片可检测出 8 个参数：f_{x1}、f_{x3}、f_{y1}、f_{y2}、f_{y3}、f_{y4}、f_{z2}、f_{z4}，利用这些参数可计算出手腕顶端 x、y、z 方向的力 F_x、F_y、F_z 以及 x、y、z 方向的转矩 M_x、M_y、M_z，见式（4-2）。

$$f_{x1}$$

$$\left.\begin{aligned}
F_x &= -f_{x1} - f_{x3} \\
F_y &= -f_{y1} - f_{y2} - f_{y3} - f_{y4} \\
F_z &= -f_{z2} - f_{z4} \\
M_x &= a(f_{z2} + f_{z4}) + b(f_{y1} - f_{y4}) \\
M_y &= -b(f_{x1} - f_{x3} - f_{z2} + f_{z4}) \\
M_z &= -a(f_{x1} + f_{x3} + f_{z2} - f_{z4})
\end{aligned}\right\} \qquad (4-2)$$

3. 其他力觉传感器

除了上述力觉传感器外，还有磁性、压电式和利用弦振动原理制作的力觉传感器等。

当铁和镍等强磁体被磁化时，其长度将变化，或产生扭曲现象；反之，强磁体发生应变时，其磁性也将改变。这两种现象都称为磁致伸缩效应。利用后一种现象，可以测量力和力矩。应用这种原理制成的应变计有纵向磁致伸缩管等。它可用于测量力，是一种磁性力觉传感器。

如果将弦的一端固定，而在另一端加上张力，那么在此张力作用下，弦的振动频率发生变化。利用这个变化就能够测量力的大小，利用这种弦振动原理也可制成力觉传感器。

七、常用外部传感器

（一）视觉传感器

视觉传感器分为二维视觉和三维视觉传感器两大类。

1. 二维视觉传感器

二维视觉传感器是获取景物图形信息的传感器。处理方法有二值图像处理、灰度图像处理和彩色图像处理，它们都是以输入的二维图像为识别对象的。图像处理中，首先要区分作为物体像的图和作为背景像的底两大部分。图和底的区分还是容易处理的。图形识别中，需使用图的面积、周长、中心位置等数据。为了减小图像处理的工作量，必须注意以下几点。

（1）照明方向。

环境中不仅有照明光源，还有其他光。因此要使物体的亮度、光照方向的变化尽量小，就要注意物体表面的反射光、物体的阴影等。

（2）背景的反差。

黑色物体放在白色背景中，图和底的反差大，容易区分。有时把光源放在物体背后，让光线穿过漫射面照射物体，获取轮廓图像。

（3）视觉传感器的位置。

改变视觉传感器和物体间的距离，成像大小也相应地发生变化。获取立体图像时若改变观察方向，则改变了图像的形状。垂直方向观察物体，可得到稳定的图像。

（4）物体的放置。

物体若重叠放置，进行图像处理较为困难。将各个物体分开放置，可缩短图像处理的时间。

2. 三维视觉传感器

三维视觉传感器可以获取景物的立体信息或空间信息。立体图像可以根据物体表面的倾斜方向、凹凸高度分布的数据获取，也可根据从观察点到物体的距离分布情况，即距离图像得到。

一般来说，三维视觉传感器主要有以下几种。

空间信息则靠距离图像获得。它可分为以下几种。

（1）莫尔条纹法。

莫尔条纹法利用条纹状的光照到物体表面，然后在另一个位置上透过同样形状的遮光条纹进行摄像。物体上的条纹像和遮光像产生偏移，形成等高线图形，即莫尔条纹。根据莫尔条纹的形状得到物体表面凹凸的信息。根据条纹数可测得距离，但有时很难确定条纹数。

（2）被动立体视觉法。

被动立体视觉法就像人的两只眼睛一样，从不同视线获取的两幅图像中，找到同一个物点的像的位置，利用三角测量原理得到距离图像。这种方法虽然原理简单，但是在两幅图像中检出同一物点的对应点是非常困难的课题。

（3）激光雷达。

用激光代替雷达电波，在视野范围内扫描，通过测量反射光的返回时间得到距离图像。

激光雷达又可分为两种方法：一种发射脉冲光束，用光电倍增管接收反射光，直接测量光的返回时间；另一种发射调幅激光，测量反射光调制波形相位的滞后。为了提高距离分辨率，必须提高反射光检测的时间分辨率，因此需要尖端电子技术。

（二）应力传感器

1. 应力检测的基本假设

当两个物体接触时，其接触点绝不是单个点。假设机器人与物体间有个接触区域，而且把这个区域近似的当作一个触点来看待。实际上，一旦存在有几个接触区域，就很难估计每个区域的作用力。因此，人们只有应用总体参数。

要计算出物体各作用力的合力，就必须知道此合力的作用点、大小和方向。对机器人控制的全部计算都涉及一个与机器人有关的坐标系 R_0，见图 4-9。机器人与环境（包括物体）间的交互作用由六个变量说明，即 $x_0(p)$、$y_0(p)$、$z_0(p)$、F_{x_0}、F_{y_0} 和 F_{z_0}。要估算这六个变量，就需要使用传感器来识别 P 在 R_0 内的位置，以及用三维传感器来识别力 F 对坐标系 R_0 的三个分量。

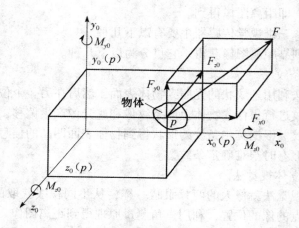

图 4-9   坐标系 R_0 内的力和力矩

2. 应力检测方法

应变仪（计）是应力传感器最敏感的部件。在机器人与环境交互作用时，应变计用来检测、定位和表征作用力，以便把所得传感器信息用于任务执行策略。

在图 4-10 中，T 为工作台面，D 为抓住物体的机器人夹手，P 为力的作用点。求出工作台面与物体间的作用力 F。

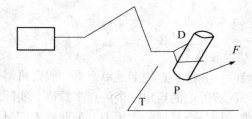

图 4-10   工作台面与物体间的作用力

有三种求得 F 的方法：

（1）对环境装设传感器。

物体可能与某个测试平台接触。这些平台是由不同厚度的金属板制成的。在金属板之间安装有应变测试桥，用以检测特定方向的力。这样就能够求出接触点的坐标和作用于该点的力。

（2）对机器人腕部装设测试仪器。

它的工作原理与测试平台一样，不过它适用于由机器人末端执行装置（如工具）进行装配。在这种情况下，也能够求出力 F 沿着相关坐标系三个坐标轴的运动和三个分力。

（3）用传动装置作为传感器。

如果机器人是可逆的，也就是说，如果机器人夹手受到的力能够由电动机"感觉"到，那么可由电动机转矩的变化求出作用力的特征。

（三）接近度传感器

接近度传感器是机器人用以探测自身与周围物体之间相对位置和距离的传感器。它的使用对机器人工作过程中适时地进行轨迹规划与防止事故发生具有重要意义。

1. 磁力式接近传感器

图 4-11 所示为磁力式传感器结构原理。它由激磁线圈 C_0 和检测线圈 C_1 及 C_2 组成，C_1、C_2 的圈数相同，接成差动式。当未接近物体时由于构造上的对称性，输出为 0，当接近物体（金属）时，由于金属产生涡流而使磁通发生变化，从而使检测线圈输出产生变化。这种传感器不大受光、热、物体表面特征影响，可小型化与轻量化，但只能探测金属对象。

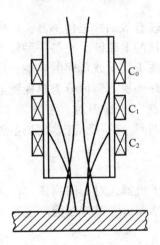

图 4-11　磁力式传感器

2. 气压式接近传感器

图 4-12 为气压式传感器的基本原理与特性图。它是根据喷嘴—挡板作用原理设计的。气压源 pv 经过节流孔进入背压腔，又经喷嘴射出，气流碰到被测物体后形成背压输出 p_A。合理地选择 p_v 值（恒压源）、喷嘴尺寸及节流孔大小，便可得出输出 p_A 与距离 x 之间的对应关系，一般不是线性的，但可以

做到局部近似线性输出。这种传感器具有较强防火、防磁、防辐射能力，但要求气源保持一定程度的净化。

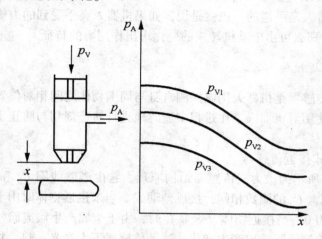

图4-12　气压式传感器

3. 红外式接近传感器

红外传感器是一种比较有效的接近传感器，传感器发出的光的波长大约在几百纳米范围内，是短波长的电磁波。它是一种辐射能转换器，主要用于将接收到的红外辐射能转换为便于测量或观察的电能、热能等其他形式的能量。

根据能量转换方式，红外探测器可分为热探测器和光子探测器两大类。红外传感器不受电磁波的干扰、非噪声源、可实现非常接触性测量等特点。另外，红外线（指中、远红外线）不受周围可见光的影响，故在昼夜都可进行测量。

4. 超声波距离传感器

超声式接近传感器用于机器人对周围物体的存在与距离的探测。尤其对移动式机器人，安装这种传感器可随时探测前进道路上是否出现障碍物，以免发生碰撞。

（1）超声波传感器的组成。

超声波传感器由超声波发生器和接收器组成。超声波发生器有压电式、电磁式及磁滞伸缩式等。在检测技术中最常用的是压电式。压电式超声波传感器，就是利用了压电材料的压电效应，如石英、电气石等。逆压电效应将高频电振动转换为高频机械振动，以产生超声波，可作为"发射"探头。利用正压电效应则将接收的超声振动转换为电信号，可作为"接收"探头。

（2）超声波传感器的检测方式。

超声波距离传感器的检测方式有脉冲回波式（见图4-13）以及 FM-CW 式（频率调制、连续波）（见图4-14）两种。

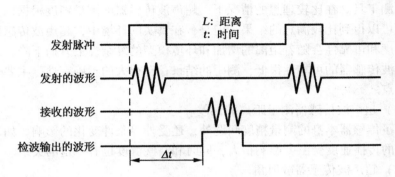

图 4-13　脉冲回波式的检测原理

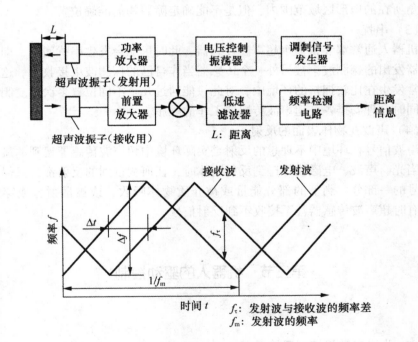

图 4-14　FM-CW 式的测距原理

在脉冲回波式中，先将超声波用脉冲调制后发射，根据经被测物体反射回来的回波延迟时间 Δt，可以计算出被测物体的距离 L。设空气中的声速为 v，如果空气温度为 T ℃，则声速为 $v=331.5+0.607T$，被测物体与传感器间的距

离为

$$L = v \cdot \Delta t / 2 \tag{4-3}$$

超声波传感器已经成为移动机器人的标准配置，在廉价的基础上提供了主动的探测工具。在比较理想的情况下，超声波传感器的测量精度根据以上的测距原理可以得到比较满意的结果，但是，在真实的环境中，超声波传感器数据的精确度和可靠性会随着距离的增加和环境模型的复杂性上升而下降，总的来说超声波传感器的可靠性很低，测距的结果存在很大的不确定性，主要表现在以下 4 点。

（1）超声波传感器测量距离的误差。

除了传感器本身的测量精度问题外，还受外界条件变化的影响。如声波在空气中的传播速度受温度影响很大，同时和空气湿度也有一定的关系。

（2）超声波传感器散射角。

超声波传感器发射的声波有一个散射角，超声波传感器可以感知障碍物在散射角所在的扇形区域范围内，但是不能确定障碍物的准确位置。

（3）串扰。

机器人通常都装备多个超声波传感器，此时可能会发生串扰问题，即一个传感器发出的探测波束被另外一个传感器当作自己的探测波束接收到。这种情况通常发生在比较拥挤的环境中，对此只能通过几个不同位置多次反复测量验证，同时合理安排各个超声波传感器工作的顺序。

（4）声波在物体表面的反射。

声波信号在环境中不理想的反射是实际环境中超声波传感器遇到的最大问题。当光、声波、电磁波等碰到反射物体时，任何测量到的反射都是只保留原始信号的一部分，剩下的部分能量或被介质物体吸收，或被散射，或穿透物体。有时超声波传感器甚至接收不到反射信号。

第二节　机器人的驱动控制

一、步进电动机控制系统

（一）步进电动机工作原理

图 4-15 所示为反应式步进电动机工作原理图。其定子有 6 个均匀分布的

磁极，每两个相对磁极组成一相，即有 A–A´、B–B´、C—C´三相，磁极上绕有励磁绕组。定子具有均匀分布的 4 个齿。当 A、B、C 三个磁极的绕组依次通电时，A、B、C 三对磁极依次产生磁场吸引转子转动。

如图 4-15（a）所示，如果先将电脉冲加到 A 相励磁绕组，定子 A 相磁极就产生磁通，并对转子产生磁拉力，使转子的 1、3 两个齿与定子的 A 相磁极对齐。然后将电脉冲通入 B 相励磁绕组，B 相磁极便产生磁通。如图 4-15（b）所示可以看出，这时转子 2、4 两个齿与 B 相磁极靠得最近，于是转子便沿着反时针方向转过 30°角，使转子 2、4 两个齿与定子 B 相磁极对齐。如果按照 A→B→C→A 的顺序通电，转子则沿反时针方向一步步地转动，每步转过 30°角。这个角度就叫步距角。显然，单位时间内通入的电脉冲数越多（即电脉冲频率越高），电动机转速越高。如果按 A→C→B→A 的顺序通电，步进电动机将沿顺时针方向一步步地转动。从一相通电换接到另一相通电称为一拍，每一拍转子转动一个步距角。像上述的步进电动机，三相励磁绕组依次单独通电运行，换接 3 次完成一个通电循环，称为三相单三拍通电方式。

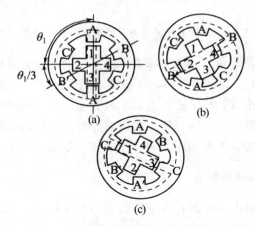

图 4-15 反应式步进电动机工作原理图

如果使两相励磁绕组同时通电，即按 AB→BC→CA→AB 顺序通电，这种通电方式称为三相双三拍，其步距角仍为 30°。

还有一种是按三相六拍通电方式工作的步进电动机，即按照 A→AB→B→BC→C→CA→A 顺序通电，换接 6 次完成一个通电循环。这种通电方式的步距角为 15°，其工作过程如图 4-16 所示，若将电脉冲首先通入 A 相励磁绕组，转子齿 1、3 与 A 相磁极对齐，如图 4-16（a）所示。然后将电脉冲同时通入 A、B 相励磁绕组，这时 A 相磁极拉着 1、3 两个齿，B 相磁极拉着 2、4 两个齿，使转子沿着反时针方向旋转。转过 15° 角时，A、B 两相的磁拉力正好平衡，转子静止于如图 4-16（b）所示的位置。如果继续按 B→BC→C→CA→A的顺序通电，步进电动机就沿着反时针方向以 15° 步距角一步步转动。

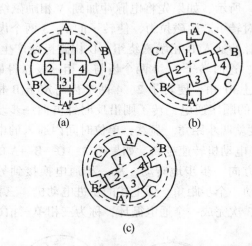

图 4-16　三相六拍通电方式步进电动机工作原理图

步进电动机的步距角越小，意味着它所能达到的位置精度越高。通常的步距角是 1.5° 或 0.75°，为此需要将转子做成多极式的，并在定子磁极上制成小齿。定子磁极上的小齿和转子磁极上的小齿大小一样，两种小齿的齿宽和齿距相等。当一相定子磁极的小齿与转子的齿对齐时，其他两相磁极的小齿都与转子的齿错过一个角度。按着相序，后一相比前一相错开的角度要大。

（二）步进电动机的特点

归纳起来，步进电动机具有以下特点：

（1）定子绕组的通电状态每改变一次，其转子便转过一定的角度，转子转过的总角度（角位移）严格与输入脉冲的数量成正比。

（2）定子绕组通电状态改变速度越快，其转子旋转的速度就越快。即通电状态的变化频率越高，转子的转速就越高。

（3）改变定子绕组的通电顺序，将导致其转子旋转方向的改变。

（4）若维持定子绕组的通电状态，步进电动机便停留在某一位置固定不动，即步进电动机具有自锁能力，不需要机械制动。

（5）步距角 α 与定子绕组相数 m、转子齿数 z、通电方式 k（k = 拍数/相数，"拍数"是指步进电动机旋转一圈，定子绕组的通电状态被切换的次数，

"相数"是指步进电动机每个通电状态下通电的相数）有关。

二、直流伺服电动机控制系统

同交流伺服电动机相比，直流伺服电动机启动转矩大，调速广且不受频率及极对数限制（特别是电枢控制的），机械特性线性度好，从零转速至额定转速具备可提供额定转矩的性能，功率损耗小，具有较高的响应速度、精度和频率，优良的控制特性，这些是它的优点。

但直流电动机的优点也正是它的缺点，因为直流电动机要产生额定负载下恒定转矩的性能，则电枢磁场与转子磁场必须恒维持90°，这就要借助电刷及整流子；电刷和换向器的存在增大了摩擦转矩，换向火花带来了无线电干扰，除了会造成组件损坏之外，使用场合也受到限制，寿命较短，需要定期维修，使用维护较麻烦。

直流伺服电动机的基本结构与工作原理与一般直流电动机相类似。

直流电动机的主磁极磁场和电枢磁场如图 4-17（a）所示。主磁极磁势 F_0 在空间固定不动，当电刷处于几何中线位置时，电枢磁势 F_a 和 F_0 在空间正交，也就是电动机保持在最大转矩状态下运行。

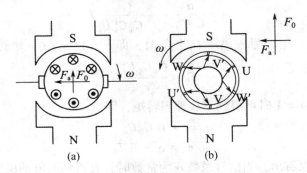

图 4-17　直流电动机的主磁极磁场和电枢磁场图

如果直流电动机的主磁极和电刷一起旋转，而电枢绕组在空间固定不动，如图 4-17（b）所示，则此时 F_a 和 F_0 仍保持正交关系。

直流伺服电动机既可采用电枢控制，也可采用磁场控制，一般多采用前者。电枢控制时，其线路如图 4-18 所示。

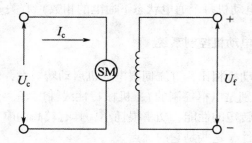

图 4-18　电枢控制线路图

励磁绕组接于恒定电压 U_f，控制电压 U_c 接到电枢两端。直流伺服电动机的机械特性 $n = f(T)$，可表示为：

$$n = \frac{U_c}{C_e \Phi} - \frac{r_a}{C_e C_m \Phi^2} T \qquad (4-4)$$

式中，C_e 为电势常数；C_m 为转矩常数；r_a 为电枢电阻；Φ 为每极的磁通。

设 $\Phi = C_\Phi U_f$ 为比例系数，又规定控制电压 U_c 与励磁电压 U_f 之比为信号系数，即 $\alpha = U_c/U_f$，则：

$$n = \frac{\alpha}{C_e C_\Phi} - \frac{r_a}{C_e C_m C_\Phi^2 U_f^2} T \qquad (4-5)$$

当控制电压 U_c 与励磁电压 U_f 相等时，即 $\alpha = 1$，$n = 0$，堵转转矩为

$$T_0 = \frac{C_m C_\Phi U_f^2}{r_a} \qquad (4-6)$$

当 $T = 0$，$\alpha = 1$ 时可得到空载理想转矩，即

$$n_0 = 1/C_\Phi C_e \qquad (4-7)$$

$$n/n_0 = \alpha - T/T_0 \qquad (4-8)$$

从上式可以看出，当信号系数 α 为常数时，直流伺服电动机的机械特性和调速特性都是线性的，从而可以绘出直流伺服电动机的机械特性，如图 4-19（a）所示，其调速特性如图 4-19（b）所示。

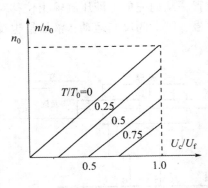

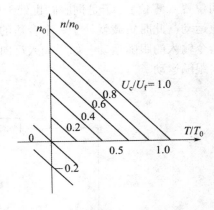

（a）机械特性　　　　　　　　　（b）电枢控制时的调速特性

图 4-19　直流伺服电动机的机械特性图

三、液压控制系统

（一）液压控制系统的工作原理

在此以液压伺服系统为例，说明液压控制系统原理。

图 4-20 为一机床工作台液压伺服控制系统原理图，系统的能源为液压泵 1，它以恒定的压力（由溢流阀 2 设定）向系统供油。液压动力装置由伺服阀（四通控制滑阀）和液压缸组成。伺服阀是一个转换放大组件，它将电气—机械转换器（力马达或力矩马达）给出的机械信号转换成液压信号（流量、压力）输出并加以功率放大。液压缸为执行器，其输入的是压力油的流量，输出的是拖动负载（工作台）的运动速度或位移。与液压缸左端相连的传感器用于检测液压缸的位置，从而构成反馈控制。

当电气输入指令装置给出一指令信号 u_i 时，反馈信号 u_0 与指令信号进行比较得出误差信号 Δu，Δu 经放大器放大后得出的电信号（通常为电流 i）输给电气-机械转换器，从而使电气-机械转换器带动滑阀的阀芯移动。不妨设阀芯向右移动一个距离 x_v，则节流窗口 b、d 便有一个相应的开口量，阀芯所移动的距离即节流窗口的开口量（通流面积）与上述误差信号 Δu（或电流 i）成比例。阀芯移动后，液压泵 1 的压力油由 P 口经节流窗口 b 进入液压缸左腔（右腔油液由 B 口经节流窗口（回油），液压缸的活塞杆推动负载右移 x_p，同时反馈传感器动作，使误差及阀的节流窗口开口量减小，直至反馈传感器的反馈信号与指令信号之间的差别（误差）$\Delta u = 0$ 时，电气-机械转换器又回到中间位置（零位），于是伺服阀也处于中间位置，其输出流量等于零，液压缸停止运动，此时负载就处于一个合适的平衡位置，从而完成了液压缸输出位移对指令输入的跟随运动。如果加入反向指令信号，则滑阀反向运动，液压缸也反向跟随运动。

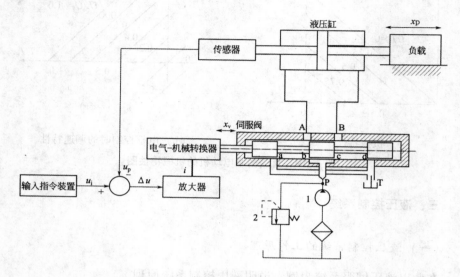

图 4-20　机床工作台液压伺服控制系统原理图

（二）机器人液压系统的特点

1. 高压化

液压系统的特点就是输出的力矩和功率大，而这依赖于高压系统。随着大型机器人的出现，向高压发展是液压系统发展的一个趋势。从人机安全和系统元件寿命等角度来考虑，液压系统工作压力的升高受很多因素的制约。如液压系统压力的升高，增加了工作人员和机体的安全风险系数；高压下的腐蚀物质或颗粒物质将在系统内造成更严重的磨损；压力增大使泄漏增加，从而使系统的容积效率降低；零部件的强度和壁厚势必会因为高压而增加，致使元件机体、重量增大或者工作面积和排量减小，在给定负载下，工作压力过高导致的排量和工作而积减小将致使液压机械的共振频率下降，给控制带来困难。

2. 灵敏化与智能化

根据实际施工的需要，机器人向着多功能化和智能化方向发展，这就使机器人有很强的数据处理能力和精度很高的"感知"能力。使用高速微处理器、敏感元件和传感器不只是能满足多功能和智能化要求，还可以提高整机的动态性能，缩短响应时间，使机器人而对急剧变化的负载能快速做出动作反应。先进的激光传感器、超声波传感器、语音传感器等高精度传感器可提高机器人的智能化程度，便于机器人的柔性控制。

3. 发挥软件的作用

先进的微处理器、通信介质和传感器必须依赖于功能强大的软件才能发挥作用。软件是各组成部分进行对话的语言。各种基于汇编语言或高级语言的软件开发平台不断涌现，为开发机器人控制软件程序提供了更多、更好的选择。软件开发中的控制算法也日趋重要，可用专家系统建立合理的控制算法，PID和模糊控制等各种控制算法的综合控制算法将会得到更完美的应用。

4. 智能化的协同作业

机群的协同作业是智能化的单机、现代化的通信设备、GPS、遥控设备和合理的施工工艺相结合的产物。这一领域为电液系统在机器人的应用提供了广阔的发展空间。

四、气动控制系统

（一）气动装置与控制理论

1. 气动装置

气动装置在原理上和液压系统非常相似。用压缩空气作为气源驱动直线或旋转汽缸，用人工或电磁阀控制。由于压缩空气和运动的驱动器是分离的，所以系统的惯性负载较低。然而，由于气动装置的工作压强低，所以和液压系统相比，功率-重量比要低得多。

气动系统的主要问题是，空气是可压缩的，在负载作用下会压缩和变形。因此，气动装置通常仅用于插入操作，在那里驱动器或者完全向前或者完全退后，气动装置也用在全开或全关的1/2自由度关节上。否则，要控制汽缸的精确位置非常困难。一种控制气压活塞位移的方法称为差动颤振，在这种系统中，位置由反馈元件如直线编码器或电位器测量，控制器利用该位置信息通过伺服阀控制汽缸两边的压力，从而实现精确位置控制。

2. 控制理论

气动比例/伺服控制系统的性能虽然依赖于执行元件、比例/伺服阀等系统构成要素的性能，但为了更好地发挥系统构成要素的作用，控制器的控制量的计算又是至关重要的。控制器通常以输入值与输出值的偏差为基础，通过选择适当的控制算法可以设计出不受被控对象参数变化和干扰影响，具有较强鲁棒性的控制系统。

控制理论被分为古典控制理论和现代控制理论两大类。PID 控制是古典控制理论的中心，它具有简单、实用易掌握等特点，在气动控制技术中得到了广泛的应用。PID 控制器设计的难点是比例、积分及微分增益系数的确定。合适的增益系数的获得，需经过大量实验，工作量很大。另一方面，PID 控制不适用于控制对象参数经常变化、外部有干扰、大滞后系统等场合。在此情况下，一是使用神经网络与 PID 控制并行组成控制器，利用神经网络的学习功能，在线调整增益系数，抑制因参数变化等对系统稳定性造成的影响。二是使用各种现代控制理论，如自适应控制、最优控制、鲁棒控制、H ∝ 控制及 μ 控制等来设计控制器，构成具有强鲁棒性的控制系统。目前应用现代控制理论来控制气缸的位置或力的研究相当活跃，并取得了一定的研究成果。

（二）气动系统的优点

（1）以空气为工作介质，工作介质获得比较容易，用后的空气排到大气中，处理方便，与液压传动相比不必设置回收的油箱和管道。

（2）因空气的黏度很小（约为液压油动力黏度的万分之一），其损失也很小，所以便于集中供气、远距离输送。并且不易发生过热现象。

（3）与液压传动相比，气压传动动作迅速、反应快，可在较短的时间内达到所需的压力和速度。这是因为压缩空气的黏性小，流速大，一般压缩空气在管路中流速可达 180m/s，而油液在管路中的流速仅为 2.5~4.5m/s。工作介质清洁，不存在介质变质等问题。

（4）安全可靠，在易燃、易爆场所使用不需要昂贵的防爆设施。压缩空气不会爆炸或着火，特别是在易燃、易爆、多尘埃、强磁、辐射、振动、冲击等恶劣工作环境中，比液压、电子、电气控制优越。

（5）成本低，过载能自动保护，在一定的超载运行下也能保证系统安全工作。

（6）储存方便，气压具有较高的自保持能力，压缩空气可储存在贮气罐内，随时取用。即使压缩机停止运行，气阀关闭，气动系统仍可维持一个稳定的压力。故不需压缩机的连续运转。

（7）可以把驱动器做成关节的一部分，因而结构简单、刚性好、成本低。

（8）过调节气量可实现无级变速。

（三）气动机器人的应用与发展概况

1. 气动机器人的应用概况

由于气动机器人具有气源使用方便，不污染环境，动作灵活迅速、工作安全可靠、操作维修简便以及适于在恶劣环境下工作等特点，因此它在冲压加工、注塑及压铸等有毒或高温条件下作业，机床上、下料，仪表及轻工行业中、小型零件的输送和自动装配等作业，食品包装及输送，电子产品输送、自动插接，弹药生产自动化等方面获得广泛应用。

近年来，人们在研究与人类亲近的机器人和机械系统时，气压驱动的柔软性受到格外的关注。气动机器人已经取得了实质性的进展。如何构建柔软机构，积极地发挥气压柔软性的特点是今后气压驱动器应用的一个重要方向。

在三维空间内的任意定位、任意姿态抓取物体或握手而言，"阿基里斯"六脚勘测员、攀墙机器人都显示出它们具有足够的自由度来适应工作空间区域。

在彩电、冰箱等家用电器产品的装配生产线上，在半导体芯片、印刷电路等各种电子产品的装配流水线上，不仅可以看到各种大小不一、形状不同的气缸、气爪，还可以看到许多灵巧的真空吸盘将一般气爪很难抓起的显像管、纸箱等物品轻轻地吸住，运送到指定目标位置。对加速度限制十分严格的芯片搬运系统，采用了平稳加速的 SIN 气缸。

面向康复、护理、助力等与人类共存、协作型的机器人已崭露头角。在医疗、康复领域或家庭中扮演护理或生活支援的角色等。所有这些研究都是围绕着与人类协同作业的柔软机器人的关键技术而展开。

2. 气动机器人的发展概况

气动机器人采用压缩空气为动力源，一般从工厂的压缩空气站引到机器作业位置，也可单独建立小型气源系统。

由"可编程控制器—传感器—气动元件"组成的典型的控制系统仍然是自动化技术的重要方面；发展与电子技术相结合的自适应控制气动元件，使气动技术从"开关控制"进入到高精度的"反馈控制"；省配线的复合集成系统，不仅减少配线、配管和元件，而且拆装简单，大大提高了系统的可靠性。

气动机器人、气动控制越来越离不开 PLC，而阀岛技术的发展，又使 PLC 在气动机器人、气动控制中变得更加得心应手。电磁阀的线圈功率越来越小，而 PLC 的输出功率在增大，由 PLC 直接控制线圈变得越来越可能。

电气可编程控制技术与气动技术相结合，使整个系统自动化程度更高，控制方式更灵活，性能更加可靠；气动机器人、柔性自动生产线的迅速发展，对气动技术提出了更多更高的要求；微电子技术的引入，促进了电气比例伺服技术的发展。

第五章 机器人的操作臂控制与视觉控制

未来世界的发展趋势是智能化，各种各样的机器人会陆续在各行各业被应用。所以，机器人的正常运转能够为人类社会带来很大的方便。机器人的操作臂对机器人的重要性不言而喻，灵活安全的操作臂是机器人正常工作的保障，同时良好的视觉控制可以为提高机器人的可操作性，本章从机器人的操作臂控制和视觉控制两方面对机器人进行分析。

第一节 机器人的操作臂控制

一、连杆

（一）连杆描述

操作臂可以看成由一系列刚体通过关节连接而成的一个运动链，我们将这些刚体称为连杆。通过关节将两个相邻的连杆连接起来。当两个刚体之间的相对运动是两个平面之间的相对滑动时，连接相邻两个刚体的运动副称为低副。图 5-1 所示为六种常用的低副关节。

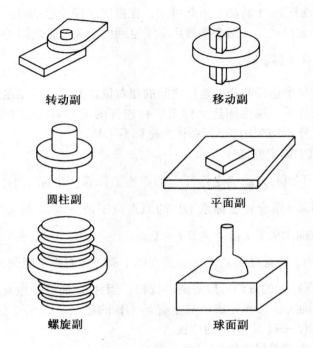

转动副　　　　　　移动副

圆柱副　　　　　　平面副

螺旋副　　　　　　球面副

图 5-1　六种常用的低副关节

　　在进行操作臂的结构设计时，通常优先选择仅具有一个自由度的关节作为连杆的连接方式。大部分操作臂中包括转动关节或移动关节。在极少数情况下，采用具有 n 个自由度的关节，这种关节可以看成是用 n 个单自由度的关节与 $n-1$ 个长度为 0 的连杆连接而成的。因此，不失一般性，这里仅对只含单自由度关节的操作臂进行研究。

　　从操作臂的固定基座开始为连杆进行编号，可以称固定基座为连杆 0。第一个可动连杆为连杆 1，以此类推，操作臂最末端的连杆为连杆 n。为了确定末端执行器在三维空间的位置和姿态，操作臂至少需要 6 个关节。典型的操作臂具有 5 或 6 个关节。有些机器人实际上不是一个单独的运动链——其中含有平行四边形连杆机构或其他的闭式运动链。

　　设计人员在进行机器人设计时，需要考虑典型机器人中单个连杆的许多特性：材料特性、连杆的强度和刚度、关节轴承的类型和安装位置、外形、重量和转动惯量以及其他一些因素。然而在建立机构运动学方程时，为了确定操作臂两个相邻关节轴的位置关系，可把连杆看作是一个刚体。用空间的直线来表示关节轴。关节轴 i 可用空间的一条直线，即用一个矢量来表示，连杆 i 绕关

节轴 i 相对于连杆 $i-1$ 转动。由此可知，在描述连杆的运动时，一个连杆的运动可用两个参数描述，这两个参数定义了空间两个关节轴之间的相对位置。

（二）连杆附加坐标系

为了描述每个连杆与相邻连杆之间的相对位置关系，需要在每个连杆上定义一个固连坐标系。根据固连坐标系所在连杆的编号对固连坐标系命名，因此，固连在连杆 i 上的固连坐标系称为坐标系 $\{i\}$。

1. 连杆链中的中间连杆

通常按照下面的方法确定连杆上的固连坐标系：坐标系 $\{i\}$ 的 Z 轴称为 $\hat{Z}_i$，并与关节轴 i 重合，坐标系 $\{i\}$ 的原点位于公垂线 a_i 与关节轴 i 的交点处。$\hat{X}_i$ 沿 a_i 方向由关节 i 指向关节 $i+1$。

当 $a_i=0$ 时，$\hat{X}_i$ 垂直于 $\hat{Z}_i$ 和 $\hat{Z}_{i+1}$ 所在的平面。按右手定则绕 $\hat{X}_i$ 轴的转角定义为 a_i，由于 $\hat{X}_i$ 轴的方向可以有两种选择，因此 a_i 的符号也有两种选择。$\hat{Y}_i$ 轴由右手定则确定，从而完成了对坐标系 $\{i\}$ 的定义。图 5-2 所示为一般操作臂上坐标系 $\{i-1\}$ 和 $\{i\}$ 的位置。

2. 连杆链中的首尾连杆

固连于机器人基座（即连杆 0）上的坐标系为坐标系 $\{0\}$。这个坐标系是一个固定不动的坐标系，因此在研究操作臂运动学问题时，可以把该坐标系作为参考坐标系。可以在这个参考坐标系中描述操作臂所有其他连杆坐标系的位置。

参考坐标系 $\{0\}$ 可以任意设定，但是为了使问题简化，通常设定 $\hat{Z}_0$ 轴沿关节轴 1 的方向，并且当关节变量 1 为 0 时，设定参考坐标系 $\{0\}$ 与坐标系 $\{1\}$ 重合。按照这个规定，总有 $a_0=0.0$ 和 $\alpha=0.0$。另外，当关节 1 为转动关节时，$d_1=0.0$；当关节 1 为移动关节时，$\theta_1=0.0$。

对于转动关节 n，设定 $\theta_n=0.0$，此时 $\hat{X}_N$ 和 $\hat{X}_{N-1}$ 轴的方向相同，选取坐标系 $\{N\}$ 的原点位置使之满足 $d_n=0.0$。对于移动关节 n，设定 $\hat{X}_N$ 轴的方向使之满足 $\theta_n=0.0$。当 $d_n=0.0$ 时，选取坐标系 $\{N\}$ 的原点位于 $\hat{X}_{N-1}$ 轴与关节轴 n 的交点位置。

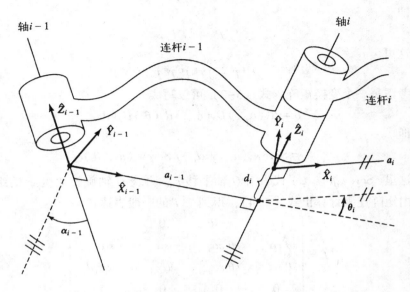

图 5-2　一般操作臂上坐标系 $\{i-1\}$ 和 $\{i\}$ 的位置

（三）连杆变换的推导

我们希望建立坐标系 $\{i\}$ 相对于坐标系 $\{i-1\}$ 的变换。一般这个变换是由四个连杆参数构成的函数。对任意给定的机器人，这个变换是只有一个变量的函数，另外三个参数是由机械系统确定的。通过对每个连杆逐一建立坐标系，我们把运动学问题分解成 n 个子问题。为了求解每个子问题，即 $_i^{i-1}T$，我们将每个子问题再分解成四个次子问题。四个变换中的每一个变换都是仅有一个连杆参数的函数，通过观察能够很容易写出它的形式。首先我们为每个连杆定义三个中间坐标系——$\{P\}$，$\{Q\}$，$\{R\}$。

图 5-3 所示是与前述一样的一对关节，图中定义了坐标系 $\{P\}$，$\{Q\}$ 和 $\{R\}$。注意，为了表示简洁起见，在每一个坐标系中仅给出了 X 轴和 Z 轴。由于旋转 α_{i-1}，因此，坐标系 $\{R\}$ 与坐标系 $\{i-1\}$ 不同；由于位移 a_{i-1}，因此，坐标系 $\{Q\}$ 与坐标系 $\{R\}$ 不同；由于转角 θ_i，因此坐标系 $\{P\}$ 与坐标系 $\{Q\}$ 不同；由于位移 d_i，因此，坐标系 $\{i\}$ 与坐标系 $\{P\}$ 不同。如果想把在坐标系 $\{i\}$ 中定义的矢量变换成在坐标系 $\{i-1\}$ 中的描述，这个变换矩阵可以写成

$$^{i-1}P =\, _R^{i-1}T \, _Q^R T \, _P^Q T \, _i^P T \, ^i P \tag{5-1}$$

即

$$^{i-1}P = {}_{i}^{i-1}T \, {}^{i}P \tag{5-2}$$

这里

$$^{i-1}_{i}T = {}_{R}^{i-1}T \, {}_{Q}^{R}T \, {}_{P}^{Q}T \, {}_{i}^{P}T \, {}^{i} \tag{5-3}$$

考虑每一个变换矩阵，式（5-3）可以写成

$$^{i-1}_{i}T = R_X(\alpha_{i-1}) D_X(a_{i-1}) R_Z(\theta_i) D_Z(d_i) \tag{5-4}$$

即

$$^{i-1}_{i}T = \mathrm{Screw}_X(a_{i-1},\ \alpha_{i-1}).\mathrm{Screw}_z(d_i,\ \theta_i) \tag{5-5}$$

这里，$\mathrm{Screw}_Q(r,\ \varphi)$ 代表沿 $\hat{Q}$ 轴平移 r、再绕 $\hat{Q}$ 轴旋转角度 φ 的组合变换。由矩阵连乘计算出式（5-4），得到 $^{i-1}_{i}T$ 的一般表达式

$$^{i-1}_{i}T = \begin{bmatrix} c\theta_i & -s\theta_i & 0 & a_{i-1} \\ s\theta_i c\alpha_{i-1} & c\theta_i c\alpha_{i-1} & -s\alpha_{i-1} & -s\alpha_{i-1}d_i \\ s\theta_i s\alpha_{i-1} & c\theta_i s\alpha_{i-1} & c\alpha_{i-1} & c\alpha_{i-1}d_i \\ 0 & 0 & 0 & 1 \end{bmatrix} \tag{5-6}$$

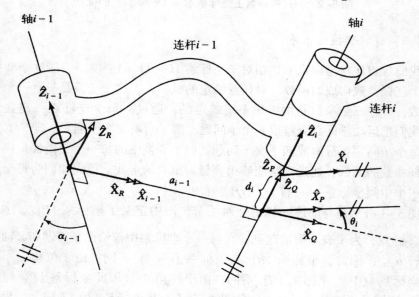

图 5-3　连杆关节

二、可解性

(一) 解的存在性

解是否存在的问题完全取决于操作臂的工作空间。简单地说，工作空间是操作臂末端执行器所能到达的范围。若解存在，则被指定的目标点必须在工作空间内。有时下面两种工作空间的定义也是很有用的：灵巧工作空间指机器人的末端执行器能够从各个方向到达的空间区域。也就是说，机器人末端执行器可以从任意方向到达灵巧工作空间的每一个点。可达工作区间是机器人至少从一个方向上有一个方位可以达到的空间。显然，灵巧工作空间是可达工作空间的子集。

现在讨论图 5-4 所示两连杆操作臂的工作空间。如果 $l_1 = l_2$，则可达工作空间是半径为 $2l_1$ 的圆，而灵巧工作空间仅是单独的一点，即原点。如果 $l_1 \neq l_2$，则不存在灵巧工作空间，而可达工作空间为一外径为 $l_1 + l_2$、内径为 $|l_1 - l_2|$ 的圆环。在可达工作空间内部，末端执行器有两种可能的方位，在工作空间的边界上只有一种可能的方位。

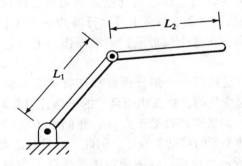

图 5-4　两连杆操作臂的工作空间

这里讨论的两连杆操作臂的工作空间是假设所有关节能够旋转 360 度，这在实际机构中是很少见的。当关节旋转角度不能达到 360 度时，显然工作空间的范围或可能的姿态的数目相应减小。例如，对于图 5-4 所示的操作臂，θ_1 的运动范围为 360 度，但只有当 $0 \leqslant \theta_2 \leqslant 180°$ 时，可达工作空间才具有相同的范围，而此时仅有一个方位可以达到工作空间的每一个点。

当一个操作臂少于 6 自由度时，它在三维空间内不能达到全部位姿。显然，图 5-4 中的平面操作臂不能伸出平面，因此凡是 Z 坐标不为 0 的目标点均不可达。在很多实际情况中，具有四个或五个自由度的操作臂能够超出平面操作，但显然不能达到全部目标点。必须研究这种操作臂以便弄清楚它的工作空间。通常这种机器人的工作空间是一个子空间，这个空间是由特定的机器人的工作空间确定的。一个值得研究的问题是，对于少于 6 个自由度的操作臂来说，给定一个确定的一般目标坐标系，什么是最近的可达目标坐标系？

工作空间也取决于工具坐标系的变换，因为所讨论的工具端点一般就是我们所说的可达空间点。一般来说，工具坐标系的变换与操作臂的运动学和逆向运动学无关，所以一般常去研究腕部坐标系 $\{W\}$ 的工作空间。对于一个给定的末端执行器，定义工具坐标系 $\{T\}$，给定目标坐标系 $\{G\}$，去计算相应的坐标系 $\{W\}$。接着我们会问：$\{W\}$ 的期望位姿是否在这个工作空间内？这里，我们所研究的工作空间（从计算的角度出发）与用户关心的工作空间是有区别的，用户关心的是末端执行器的工作空间（$\{W\}$ 坐标系）。

如果腕部坐标系的期望位姿在这个工作空间内，那么至少存在一个解。

（二）多重解问题

在求解运动学方程时可能遇到的另一个问题就是多重解问题。一个具有 3 个旋转关节的平面操作臂，由于从任何方位均可到达工作空间内的任何位置，因此在平面中有较大的灵巧工作空间（给定适当的连杆长度和大的关节运动范围）。图所示为在某一位姿下带有末端执行器的三连杆平面操作臂。虚线表示第二个可能的位形，在这个位形下，末端操作器的可达位姿与第一个位形相同。

因为系统最终只能选择一个解，因此操作臂的多重解现象会产生一些问题。解的选择标准是变化的，然而比较合理的选择应当是取"最短行程"解。例如，在图 5-5 中，如果操作臂处于点 A，我们希望它移动到点 B，最近解就是使得每一个运动关节的移动量最小。因此，在没有障碍的情况下，可选择图 5-6 中上部虚线所示的位形，这表明对于操作臂的当前位置来说只需要对逆运动学程序输入一个小位移量即可。这样，利用算法能够选择关节空间内的最短行程解。但是，"最短行程"解可能有几种确定方式。例如，典型的机器人有 3 个大连杆，附带 3 个小连杆，姿态连杆靠近末端执行器。这样，在计算"最短行程"解时需要加权，使得这种选择侧重于移动小连杆而不是移动大连杆。在存在障碍的情况下，"最短行程"解可能发生干涉，这时只能选择"较长行程"解 1 为此，一般我们需要计算全部可能的解。这样，在图 5-6 中，障碍的存在意味着需要按照下部虚线所示的位形才能到达 B 点。

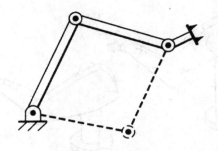

图 5-5　无障碍操作臂

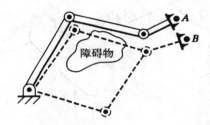

图 5-6　有障碍操作臂

解的个数取决于操作臂的关节数量，它也是连杆参数（对于旋转关节操作臂来说为 α_i、a_i，和 d_i）和关节运动范围的函数。例如，PUMA560 机器人到达一个确定的目标有 8 个不同的解，图 5-7 所示为其中的 4 个解，它们对于手部来说具有相同的位姿。对于图中所示的每一个解，存在另外一种解，其中最后三个关节变为另外一种位形，如下式所示：

$$\theta_4' = \theta_4 + 180°$$

$$\theta_5' = -\theta_5 \tag{5-7}$$

$$\theta_6' = \theta_6 + 180°$$

总之，对于一个操作目标共有 8 个解。由于关节运动范围的限制，这 8 个解中的某些解是不能实现的。

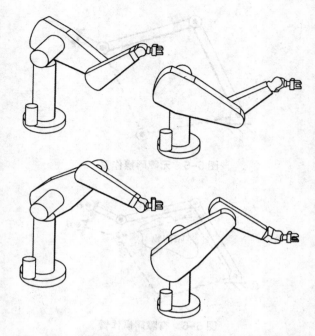

图 5-7　PUMA560 机器人到达一个确定的目标的解

三、代数解法与几何解法

（一）代数解法

以三连杆平面操作臂为例，它的连杆参数如表 5-1 所示。

表 5-1　三连杆平面操作臂连杆参数

i	$\alpha_i - 1$	$a_i - 1$	d_i	θ_i
1	0	0	0	θ_1
2	0	L_1	0	θ_2
3	0	L_2	0	θ_3

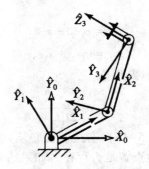

图 5-8　三连杆平面操作臂

应用这些连杆参数很容易求得这个机械臂的运动学方程：

$$
{}_W^B T = {}_3^0 T = \begin{bmatrix} c_{123} & -s_{123} & 0.0 & l_1 c_1 + l_2 c_{12} \\ s_{123} & c_{123} & 0.0 & l_1 s_1 + l_2 s_{12} \\ 0.0 & 0.0 & 1.0 & 0.0 \\ 0 & 0 & 0 & 1 \end{bmatrix} \tag{5-8}
$$

为了集中讨论逆运动学问题，我们假设腕部坐标系相对于基坐标系的变换，即 ${}_W^B T$ 已经完成，因此，目标点的位置已经确定。由于我们研究的是平面坐标臂，因此通过确定三个量 x，y 和 φ 很容易确定这些目标点的位置，其中 φ 是连杆 3 在平面内的方位角（相对于 $+X$ 轴）。因此，最好给出 ${}_W^B T$ 以确定目标点的位置，假定这个变换矩阵如下：

$$
{}_W^B T = \begin{bmatrix} c_\varphi & -s_\varphi & 0.0 & x \\ s_\varphi & c_\varphi & 0.0 & y \\ 0.0 & 0.0 & 1.0 & 0.0 \\ 0 & 0 & 0 & 1 \end{bmatrix} \tag{5-9}
$$

所有可达目标点必须位于式（5-9）描述的子空间内。令式（5-8）和式（5-9）相等，可以求得四个非线性方程，进而求出 θ_1，θ_2 和 θ_3：

$$
c_\varphi = c_{123} \tag{5-10}
$$

$$
s_\varphi = s_{123} \tag{5-11}
$$

$$
x = l_1 c_1 + l_2 c_{12} \tag{5-12}
$$

$$
y = l_1 s_1 + l_2 s_{12} \tag{5-13}
$$

现在用代数方法求解上述四式。将式（5-12）和（5-13）同时平方，然后相加，得到

$$
x^2 + y^2 = l_1^2 + l_2^2 + 2 l_1 l_2 c_2 \tag{5-14}
$$

这里利用了

$$c_{12} = c_1 c_2 - s_1 s_2$$
$$s_{12} = c_1 s_2 + s_1 c_2 \tag{5-15}$$

由式（5-14）求解 c_2，得到：

$$c_2 = \frac{x^2 + y^2 - l_1^2 - l_2^2}{2 l_1 l_2} \tag{5-16}$$

上式有解的条件是式（5-16）右边的值必须在-1和1之间。在这个解法中，这个约束条件可用来检查解是否存在。如果约束条件不满足，则操作臂与目标点的距离太远。

假定目标点在工作空间内，s_2 的表达式为

$$s_2 = \pm \sqrt{1 - c_2^2} \tag{5-17}$$

最后，应用2幅角反正切公式计算 θ_2，得

$$\theta_2 = \text{Atan2}(s_2,\ c_2) \tag{5-18}$$

式（5-17）是多解的，可选择"正"解或"负"解确定式（5-17）的符号。在确定 θ_2 时，再次应用求解运动学参数的方法，即常用的先确定期望关节角的正弦和余弦，然后应用2幅角反正切公式的方法。这样，确保得出所有的解，且所求的角度是在适当的象限里。

求出了 θ_2，可以根据式（5-12）和式（5-13）求出 θ_1。将式（5-12）和式（5-13）写成如下形式

$$x = k_1 c_1 - k_2 s_1 \tag{5-19}$$
$$y = k_1 s_1 + k_2 c_1 \tag{5-20}$$

式中

$$k_1 = l_1 + l_2 c_2$$
$$k_2 = l_2 s_2 \tag{5-21}$$

为了求解这种形式的方程，可进行变量代换，实际上就是改变常数 k_1 和 k_2 的形式。

如果

$$r = +\sqrt{k_1^2 + k_2^2} \tag{5-22}$$

并且

$$\gamma = \text{Atan2}(k_2,\ k_1)$$

则

$$k_1 = r\cos\gamma$$
$$k_2 = r\sin\gamma \tag{5-23}$$

式（5-19）和（5-20）可以写成

$$\frac{x}{r} = \cos\gamma\cos\theta_1 - \sin\gamma\sin\theta_1 \tag{5-24}$$

$$\frac{y}{r} = \cos\gamma\sin\theta_1 + \sin\gamma\cos\theta_1 \tag{5-25}$$

因此，

$$\cos(\gamma + \theta_1) = \frac{x}{r} \tag{5-26}$$

$$\sin(\gamma + \theta_1) = \frac{y}{r} \tag{5-27}$$

利用公式得

$$\gamma + \theta_1 = \text{Atan2}(\frac{y}{r}, \frac{x}{r}) = \text{Atan2}(y, x) \tag{5-28}$$

从而

$$\theta_1 = \text{Atan2}(y, x) - \text{Atan2}(k_2, k_1) \tag{5-29}$$

注意，θ_2 符号的选取将导致 k_2 符号的变化，因此影响到 θ_1。应用式（5-22）和式（5-23）进而变换求解的方法经常出现在求解运动学问题中，即式（5-12）或式（5-13）的求解方法。同时注意，如果 $x = y = 0$，则式（5-29）不确定，此时 θ_1 可取任意值。

最后，由式（5-10）和（5-11）能够求出 θ_1，θ_2，θ_3 的和：

$$\theta_1 + \theta_2 + \theta_3 = \text{Atan2}(s_\varphi, c_\varphi) = \varphi \tag{5-30}$$

由于 θ_1 和 θ_2 已知，从而可以解出 θ_3。这种两个或两个以上连杆在平面内运动的操作臂是比较典型的问题。在求解过程中给出了关节角和的表达式。

（二）几何解

在几何方法中，为求出操作臂的解，须将操作臂的空间几何参数分解成为平面几何参数。用这种方法在求解许多操作臂时（特别是当 $\alpha_1 = 0$ 或 $\pm 90°$ 时）是相当容易的。然后应用平面几何方法可以求出关节角度。对于上表所示的具有 3 个自由度的操作臂来说，由于操作臂是平面的，因此我们可以利用平面几何关系直接求解。

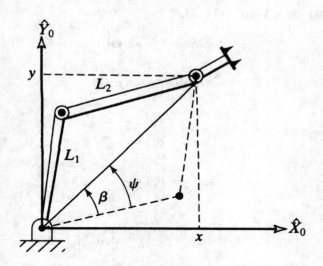

图 5-9　具有 3 个自由度的操作臂

图 5-9 中, 示出了由 l_1 和 l_2 所组成的三角形及连接坐标系 {0} 的原点和坐标系 {3} 的原点的连线。图中虚线表示该三角形的另一种可能情况, 同样能够达到坐标系 {3} 的位置。对于实线表示的三角形, 利用余弦定理求解 θ_2。

$$x^2 + y^2 = l_1^2 + l_2^2 - 2l_1l_2\cos(180 + \theta_2) \tag{5-31}$$

现在, $\cos(180 + \theta_2) = -\cos(\theta_2)$, 所以有

$$c_2 = \frac{x^2 + y^2 - l_1^2 - l_2^2}{2l_1l_2} \tag{5-32}$$

为使该三角形成立, 到目标点的距离 $\sqrt{x^2 + y^2}$ 必须小于或等于两个连杆的长度之和 $l_1 + l_2$。可对上述条件进行计算校核证明该解是否存在。当目标点超出操作臂的运动范围时, 这个条件不能满足。假设解存在, 那么由该方程所解得的 θ_2 应在 0~-180°范围内, 因为只有这些值能够使图 5-9 中的三角形成立。另一个可能的解 (由虚线所示的三角形) 可以通过对称关系 $\theta_2' = -\theta_2$ 得到。

为求解 θ_1, 需要建立图 5-9 所示的 ψ 和 β 角的表达式。首先, β 可以位于任意象限, 这是由 x 和 y 的符号决定的。利用公式得:

$$\beta = \text{Atan2}(y, x) \tag{5-33}$$

再利用余弦定理解出 ψ：

$$\cos\psi = \frac{x^2 + y^2 + l_1^2 - l_2^2}{2l_1\sqrt{x^2 + y^2}} \tag{5-34}$$

这里，求反余弦，使 $0 \leqslant \psi \leqslant 180°$，以便使式（5-34）的几何关系成立。利用几何法求解时，上述关系是经常要用到的，因此必须在变量的有效范围内应用这些公式才能保证几何关系成立。那么有

$$\theta_1 = \beta \pm \psi \tag{5-35}$$

式中，当 $\theta_2 < 0$ 时，θ_1 取 "+" 号；当 $\theta_2 > 0$ 时，θ_1 取 "-" 号。

平面内的角度是可以相加的，因此三个连杆的角度之和即为最后一个连杆的姿态：

$$\theta_1 + \theta_2 + \theta_3 = \varphi \tag{5-36}$$

由上式求出 θ_3 便得到这个操作臂的全部解。

四、时变位姿的符号表示

（一）位置矢量的微分

速度是需要研究的基本问题，可用下面的符号表示某个矢量的微分：

$$^B V_Q = \frac{d_B}{dt}Q = \lim_{\Delta t \to 0}\frac{^B Q(t + \Delta t) - ^B Q(t)}{\Delta t} \tag{5-37}$$

位置矢量的速度可以看成是用位置矢量描述的空间一点的线速度。由式（5-37）可以看出，可以通过计算 Q 相对于坐标系 $\{B\}$ 的微分进行描述。例如，如果相对于坐标系 $\{B\}$，Q 不随时间变化，那么速度就为零，尽管在其他一些坐标系中 Q 是变化的。因此，重要的是必须说明一个矢量是相对于哪个坐标系求微分。

像其他矢量一样，速度矢量能在任意坐标系中描述，其参考坐标系可以用左上标注明。因此，如果在坐标系 $\{A\}$ 中，表示式（5-37）的速度矢量，可以写为

$$^A(^B V_Q) = \frac{^A d_B}{dt}Q \tag{5-38}$$

可以看出在通常的情况下，速度矢量都是与空间的某点相关的，而描述此点速度的大小取决于两个坐标系：一个是进行微分运算的坐标系，另一个是描述这个速度矢量的坐标系。

在式（5-37）中，速度是用微分坐标系描述的，因此这个结果用左上标

B 注明。但是，为简单起见，当两个上标相同时，不需要给出外层上标，即可以写为

$$^B(^B V_Q) = {}^B V_Q \tag{5-39}$$

最后，由于进行参考坐标系变换的旋转矩阵已可清楚地表示这个关系，因此，总是省略掉外部左上标，可以写为

$$^A(^B V_Q) = {}^A_B R\, {}^B V_Q \tag{5-40}$$

通常按照式（5-40）右边的形式给出速度的表达式，因此描述速度的符号总是代表微分坐标系中的速度，而没有外部左上标。

经常讨论的是一个坐标系原点相对于某个常见的世界参考坐标系的速度，而不考虑相对于任意坐标系中一般点的速度。对于这种特殊情况，定义一个缩写符号

$$v_C = {}^U V_{CORG} \tag{5-41}$$

式中的点为坐标系 $\{C\}$ 的原点，参考坐标系为 $\{U\}$。例如，v_C 表示坐标系 $\{C\}$ 原点的速度；$^A v_C$ 是坐标系 $\{C\}$ 的原点在坐标系 $\{A\}$ 中表示的速度（尽管微分是相对于坐标系 $\{U\}$ 进行的）。

（二）角速度矢量

角速度矢量用符号 Ω 表示。线速度描述了点的一种属性，角速度描述了刚体的一种属性。坐标系总是固连在被描述的刚体上，所以可以用角速度描述坐标系的旋转运动。

$^A\Omega_B$ 描述了坐标系 $\{B\}$ 相对于坐标系 $\{A\}$ 的旋转。实际上，$^A\Omega_B$ 的方向就是 $\{B\}$ 相对于 $\{A\}$ 的瞬时旋转轴，$^A\Omega_B$ 的大小表示旋转速度。像任意矢量一样，角速度可以在任意坐标系中描述，所以需要附加另一个左上标，例如，$^C(^A\Omega_B)$ 就是坐标系 $\{B\}$ 相对于坐标系 $\{A\}$ 的角速度在坐标系 $\{C\}$ 中的描述。

对于一种重要的特殊情况，再介绍一个简化符号，即已知参考坐标系非常简单以致不需要符号表示：

$$\omega_C = {}^U\Omega_C \tag{5-42}$$

这里，ω_C 为坐标系 $\{C\}$ 相对于某个已知参考坐标系 $\{U\}$ 的角速度。例如，$^A\omega_C$ 是坐标系 $\{C\}$ 的角速度在坐标系 $\{A\}$ 中的描述（尽管这个角速度是相对于坐标系 $\{U\}$ 的）。

（三）正交矩阵导数的性质

我们可以推出正交矩阵和某一反对称矩阵之间的一种特殊关系。对于任何 $n \times n$ 正交矩阵 R，有

$$RR^T = I_n \tag{5-43}$$

式中，I_n 是 $n \times n$ 单位阵。另外，我们关心的是 $n = 3$，R 为特征正交矩阵，即旋转矩阵的情况。对式（5-43）求导得到

$$\dot{R}R^T + R\dot{R}^T = 0_n \tag{5-44}$$

式中，0_n 为 $n \times n$ 的零矩阵。方程（5-44）可以写为

$$\dot{R}R^T + (\dot{R}R^T)^T = 0_n \tag{5-45}$$

定义

$$S = \dot{R}R^T \tag{5-46}$$

由式（5-45）得

$$S + S^T = 0_n \tag{5-47}$$

S 为反对称矩阵。因此正交矩阵的微分与反对称矩阵之间存在如下特性，可写为

$$S = \dot{R}R^{-1} \tag{5-48}$$

（四）由于参考系旋转的点速度

假定固定矢量 ^BP 相对于坐标系 $\{B\}$ 是不变的，在另一个坐标系 $\{A\}$ 中的描述为

$$^AP = {}_B^A R\, {}^BP \tag{5-49}$$

如果坐标系 $\{B\}$ 是旋转的（$_B^A R$ 的微分非零），^AP 也是变化的，即使 ^BP 为常数，即

$$^A\dot{P} = {}_B^A\dot{R} \cdot {}^BP \tag{5-50}$$

或用速度符号写为

$$^AV_P = {}_B^A\dot{R} \cdot {}^BP \tag{5-51}$$

在式（5-51）中代入 ^BP 的表达式，得

$$^AV_P = {}_B^A\dot{R} \cdot {}_B^A R^{-1}\, {}^AP \tag{5-52}$$

对于正交矩阵利用式（5-48），有

$$^AV_P = {}_B^A S\, {}^AP \tag{5-53}$$

式中用 S 的上下标表明它是与旋转矩阵 $_B^A R$ 相关的反对称矩阵，由于它出现在式（5-53）中，且为了便于理解的原因，因此这里所说的旋转矩阵通常称为角速度矩阵。

（五）反对称矩阵和矢量积

如果反对称矩阵 S 的各元素如下

$$S = \begin{bmatrix} 0 & -\Omega_x & \Omega_y \\ \Omega_x & 0 & -\Omega_x \\ -\Omega_y & \Omega_x & 0 \end{bmatrix} \qquad (5-54)$$

定义 3×1 的列矢量

$$\Omega = \begin{bmatrix} \Omega_x \\ \Omega_y \\ \Omega_z \end{bmatrix} \qquad (5-55)$$

容易证明

$$SP = \Omega \times P \qquad (5-56)$$

式中，P 为任意矢量，×表示矢量积。

与 3×3 的角速度矩阵相对应的 3×1 矢量 Ω 称为角速度矢量。与式（5-53）联立可写为

$$^A V_P = {}^A\Omega_B \times {}^A P \qquad (5-57)$$

式中与 Ω 相关的符号表明该角速度矢量确定了坐标系 $\{B\}$ 相对于 $\{A\}$ 运动的。

五、静力

操作臂的链式结构特性自然让我们想到力和力矩是如何从一个连杆向下一个连杆传递的。考虑操作臂的自由末端（末端执行器）在工作空间推动某个物体，或用手部抓举着某个负载的典型情况。我们希望求出保持系统静态平衡的关节扭矩。

对于操作臂的静力，首先锁定所有的关节以使操作臂的结构固定，然后对这种结构中的连杆进行讨论，写出力和力矩对于各连杆坐标系的平衡关系。最后，为了保持操作臂的静态平衡，计算出需要对各关节轴依次施加多大的静力矩。通过这种方法，可以求出为了使末端执行器支承住某个静负载所需的一组关节力矩。

不考虑作用在连杆上的重力。我们所讨论的关节静力和静力矩是由施加在最后一个连杆上的静力或静力矩（或两者共同）引起的，例如，当操作臂的末端执行器和环境接触时就是这样的。

我们为相邻杆件所施加的力和力矩定义以下特殊的符号：

f_i = 连杆 $i-1$ 施加在连杆 i 上的力；

n_i = 连杆 $i-1$ 施加在连杆 i 上的力矩。

我们按照惯例建立连杆坐标系。图 5-10 所示为施加在连杆 i 上的静力和静力矩（除了重力以外）。将这些力相加并令其和为 0，有

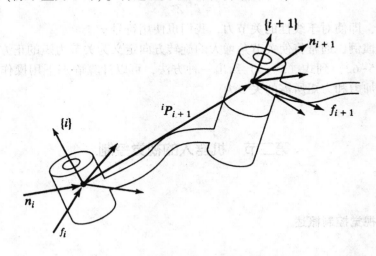

图 5-10 施加在连杆 i 上的静力和静力矩

$$^if_i - {}^if_{i+1} = 0 \tag{5-58}$$

将绕坐标系 $\{i\}$ 原点的力矩相加，有

$$^in_i - {}^in_{i+1} - {}^iP_{i+1} \times {}^if_{i+1} = 0 \tag{5-59}$$

如果我们从施加于手部的力和力矩的描述开始，从末端连杆到基座（连杆 0）进行计算就可以计算出作用于每一个连杆上的力和力矩，为此，对式（5-58）和式（5-59）进行整理，以便从高序号连杆向低序号连杆进行迭代求解。结果如下：

$$^if_i = {}^if_{i+1} \tag{5-60}$$

$$^in_i = {}^in_{i+1} + {}^iP_{i+1} \times {}^if_{i+1} \tag{5-61}$$

为了按照定义在连杆本体坐标系中的力和力矩写出这些表达式，用坐标系 $\{i+1\}$ 相对于坐标系 $\{i\}$ 描述的旋转矩阵进行变换，就得到了最重要的连杆之间的静力"传递"表达式：

$$^if_i = {}^i_{i+1}R^{i+1}f_{i+1} \tag{5-62}$$

$$^in_i = {}^i_{i+1}R^{i+1}n_{i+1} + {}^iP_{i+1} \times {}^if_i \tag{5-63}$$

最后，提出了一个重要的问题：为了平衡施加在连杆上的力和力矩，需要在关节上施加多大的力矩？除了绕关节轴的力矩外，力和力矩矢量的所有分量

都可以由操作臂机构本身来平衡。因此，为了求出保持系统静平衡所需的关节力矩，应计算关节轴矢量和施加在连杆上的力矩矢量的点积：

$$\tau_i = {}^i n_i^{T} {}^i \hat{Z}_i \qquad (5\text{-}64)$$

对于关节 i 是移动关节的情况，可以计算出关节驱动力为

$$\tau_i = {}^i f_i^{T} {}^i \hat{Z}_i \qquad (5\text{-}65)$$

注意，即使对于线性的关节力，我们也使用符号 τ。

按照惯例，通常将使关节角增大的旋转方向定义为关节力矩的正方向。

式（5-62）到式（5-65）给出一种方法，可以计算静态下用操作臂末端执行器施加力和力矩所需的关节力。

第二节　机器人的视觉控制

一、视觉控制概述

（一）相机位形

在构建基于视觉的控制系统时，需要做出的第一个决定也许是选择在哪里放置相机。基本上有两种选择：相机可以安装在工作区域中的一个固定位置，或者被连接到机器人上。通常，这些布置方案被分别称为固定相机（fixed camera）位形和手眼（eye-in-hand）位形。

在固定相机位形中，相机被放置在能够观测机械臂以及任何被操作对象的位置上。这种方法有几个优点：由于相机位置是固定的，视场不随机械臂的移动而改变；相机与工作空间之间的几何关系是固定的，并且可以通过离线标定确定这种关系。该方法的一个缺点是：当机械臂在工作空间中移动时，可能会遮挡相机的视场。这对于有高精度需求任务的影响十分严重。例如，如果需要执行一个插入任务时，寻找一个位置使得相机可以观察整个插入任务而不被末端执行器遮挡可能会变得十分困难。

在手眼系统中，相机通常被安装在机械臂手腕以上的地方，从而使手腕的运动不会影响相机的运动。按照这种方式，当机械臂在工作空间中运动时，相机可以按照固定的分辨率不受遮挡的观察末端执行器的运动。手眼系统位形所面临的一个困难是：相机与工作空间之间的几何关系会随着机械臂的移动而发生变化。机械臂很小的运动可能会使得视场发生剧烈的变化，特别是当与相机

相连接的连杆的姿态发生改变的时候。例如，一个连接到肘型机械臂的第三连杆上的相机，当第三关节运动时，相机视场会经历显著变化。

对于固定相机位形或者手眼位形来讲，机械臂的运动将会引起相机所获得的图像的变化（假设机械臂处于固定相机系统的视场中）。对于这两种情形来讲，对机械臂运动和图像变化之间关系的分析是类似的，在本章中，我们将只考虑手眼系统这一种情形。

（二）基于图像的方法与基于位置的方法

解决基于视觉的控制问题有两种基本方法，它们之间的区别在于如何使用视觉系统所提供的数据。我们可以通过各种方式将这两种方法联合起来，形成所谓的分块控制方案。

基于视觉控制的第一种方法被称为基于位置的视觉伺服控制（position-based visual servo control）。通过这种方法，视觉数据被用于构建关于世界的部分三维表示。基于位置的方法，其主要难点在于以实时方式建立三维描述。特别是，这些方法相对相机标定误差的表现并不鲁棒。此外，基于位置的方法也没有对图像本身的直接控制。因此，对基于位置的各种方法来讲，它们的一个共同问题是：相机的运动可能会使用户感兴趣的对象离开相机视场。

第二种方法称为基于图像的视觉伺服控制（image-based, visual servo control），它直接使用图像数据来控制机器人的运动。使用可在图像中直接测得的量（例如图像中点的图像坐标或者直线的方向）来定义一个误差函数，同时建立一个控制律来将误差直接映射到机器人运动中。迄今为止，最常见的方法是使用物体上易检测的点作为特征点。那么，误差函数是这些点在图像中的位置以及期望位置之间的向量差。通常情况下，相对简单的控制律被用于将图像误差映射到机器人的运动中。在这里，我们将描述基于图像的控制中的一些细节。

我们可以将多种方法组合起来，使用不同的控制算法来控制机器人运动中的不同自由度。基本上，这些方法把自由度划分成不相交的集合，因此被称为分块方法（partitioned method）。

（三）相机运动和交互作用矩阵

如上所述，基于图像的方法将图像误差函数直接映射到机器人运动中，其中并不求解三维重建问题。尽管逆运动学问题难以解决并且通常是病态的，但逆速度问题通常相当容易解决：只需对机械臂雅可比矩阵求逆，假设雅可比矩阵非奇异。这可以通过如下方式在数学上进行理解：虽然逆运动学方程表示可能的复杂几何空间之间的非线性映射（例如，即使简单的平面双连杆机械臂，对应映射是从 R^2 到圆环面的一个映射），速度之间的映射则是线性子空间之间的线性映射（在双连杆的例子中，对应映射是从 R^2 到圆环切平面的一个映射）。类似地，图像特征向量与相机速度之间的关系是线。线性子空间之间的一个线性映射。现在，我们将对这个基本概念进行更为严格的解释。

令 $s(t)$ 表示可以在图像中测量的一个特征值向量。其导数 $\dot{s}(t)$ 被称为图像特征速度（image feature velocity）。例如，如果图像上的一个单点被用作特征，我们有

$$s(t) = \begin{pmatrix} u(t) \\ v(t) \end{pmatrix} \tag{5-66}$$

在这种情形下，$\dot{s}(t)$ 是点在图像平面内的速度。

图像特征速度与相机速度之间有线性关系。令相机速度 ξ 由线速度 v 和角速度 ω 组成

$$\xi = \begin{pmatrix} v \\ \omega \end{pmatrix} \tag{5-67}$$

从而使得相机参考系的原点的线速度为 v，同时相机坐标系围绕穿过相机坐标系原点的轴线 ω 旋转。在两种情形下，ξ 均包含了一个移动坐标系的线速度和角速度。

$\dot{s}$ 和 ξ 之间的关系给出如下

$$\dot{s} = L(s, q)\xi \tag{5-68}$$

这里，矩阵 $L(s, q)$ 被称为交互作用矩阵。交互作用矩阵是机器人位形以及图像特征值 s 的函数。

交互作用矩阵 L 也被称为图像雅可比矩阵。这是由于，至少在部分意义上，它是与机械臂雅可比矩阵以及交互作用矩阵之间关系的类比。在各种情况下，速度 ξ 与参数集合（关节转角或者图像特征速度）的变化之间通过线性变换相关联。严格地讲，由于 ξ 实际上并不是姿态参数的导数，因而交互作用矩阵并非雅可比矩阵。然而，使用分析型雅可比矩阵方法相类似的技术，容易构建实际的雅可比矩阵，用它来代表从姿态参数集合到图像特征速度（图像特征值的导数）之间的一个线性变换。

交互作用矩阵的具体形式取决于用于定义 s 的特征。最简单的特征是图像中的点坐标，我们将把注意力集中于这种情况。

二、图像的相关概念

（一）图像处理与图像分析

图像处理与为了后续的分析和使用而对图像进行的预备操作有关。摄像机或其他类似的设备（如扫描仪）捕捉到的图像不一定是图像分析程序可用的格式。有些需要进行改善以消除噪声，有些则需要简化，还有的需要增强、修改、分割和滤波等。图像处理指的就是对图像进行改善、简化、增强，以及其他改变图像的方法和技术的总称。

图像分析是对一幅捕捉到的并经过处理后的图像进行分析，从中提取图像信息、辨识物体或提取关于图像中的物体或周围环境特征的过程。

（二）二维和三维图像

虽然所有的实际场景都是三维的，但图像却可以是二维的（不含深度信息）或者是三维的（包含深度信息）。一般由摄像机获取且能正常处理的大多数图像都是二维的。然而，其他一些系统，如计算机断层造影 CT 和 CAT 扫描，可产生包含深度信息的三维图像。因此，这些图像可对不同的轴旋转，以便更好地使深度信息可视化。尽管二维图像没有深度信息，但它在许多方面也非常有用，这些应用包括特征提取、检测、导航、部件处理及其他许多方面。

三维图像处理主要用于那些需要运动检测、深度测量、遥感、相对定位及导航等方面的应用。与 CAD/CAM（计算机辅助设计和计算机辅助制造）相关的操作因为要进行许多检测和物体识别的任务，所以需要使用三维图像处理。对于三维图像而言，使用 X 射线或者超声波都能获取物体断层图像，随后将所有图像叠加在一起，即可形成一幅反映物体内部特征的三维图表示。

所有的三维视觉系统都存在一个相同的问题，那就是如何处理由景物到图像的多对一映射。要从这些景物中提取信息，就必须把图像处理和人工智能方法结合在一起。当系统工作在特性已知的环境中时（如受控光源），它具备很高的精度和速度。相反，若环境未知或有噪声干扰并且环境不可控（如水下操作），系统就会不够精确，并需要额外的信息处理，此外，运行速度也就比较慢。

（三）图像的本质

图像是对一个真实场景的表示。这种表示既可能是黑白的，也可能是彩色的，还有可能是打印出来的或者是数字格式的。打印出来的图像有可能已经在彩色和灰度上（例如四色彩色打印或者黑白铜版图像印制）或者是在单色源上加工过。例如，为了对一幅图像进行铜版加工，必须使用不同灰度的墨水，这些墨水混合在一起时就能产生有一定真实感的图像。然而，在大多数打印过程中只能使用一种颜色的墨水（如报纸和复印是在白纸上用黑墨水），这时就要通过改变黑白区域的比例（也就是黑点的大小）来产生所有的灰度等级。设想一幅要打印的照片被分为很多小部分，在每个部分，如果墨水喷洒到的部分比例小于空白部分的比例，那么这部分就将表现为浅灰色。如果黑墨区域大于空白部分，那么这部分看起来就是深灰色。通过改变打印点的大小，就可以产生许多不同的灰度等级，并最终打印出一幅灰度级的照片。

类似于打印图像，电子图像和数码图像通常分成许多小块，每块称为图元或像素（在三维图像中称为体元或体素），所有像素都具有相同的大小。为获取一幅图像，需要测量和记录每个像素的强度；类似地，在重新生成一幅图像时，可以改变每个像素的强度。因此，一个图像文件是表示大量像素强度的数据集合，它可以被重新创建、处理、修正或分析。彩色图像本质是相同的，不同的是原始彩色图像在获取和数字化前就分成了红、绿、蓝三幅图像。当在每个像素位置具有不同强度的三种颜色重叠时，就生成了彩色图像。

三、图像的频谱

图 5-11 所示为人工的低分辨率图像和它的像素强度与所在位置关系的图表。用模拟摄像机或用图像采集卡扫描图像，并结合数字系统进行采样和数据保持可以获得这样的表示。结果得到一幅离散表示的图，其上各点具有不同的幅值，它们表示每个像素点的强度。假设取出第 9 行，观察其中的 129～144 像素点。可以发现像素点 136 的强度与其周围有很大不同，可以认为它是噪声。一般来说，噪声指的就是那些不同于周围环境的一种信息。像素点 134 和 141 的强度信息也与其相邻点有所差异，有可能是物体和背景之间的过渡，所以可以认为它们表示的是物体的边缘。

虽然我们讨论的是离散（数字化的）信号，但是它们可以被分解成大量具有不同幅值、不同频率的正弦和余弦信号，若将它们叠加，就可以重构原信号。前面已经讨论过，重构缓变的信号（相邻像素间的灰度值变化较小）只需要频率较低的正弦波和余弦波，因此信号频谱中低频成分比较多。另一方面，重构变化剧烈的信号（相邻像素间的灰度值变化很大）需要更多数量的高频成分，因此信号频谱中高频成分比较多。由于噪声和边缘使像素值和其周围像素值产生较大的差异，因此噪声和边缘在频谱中产生了较高的频率分量，而频谱中的低频成分则反映那些变化缓慢的像素，它们代表了物体。

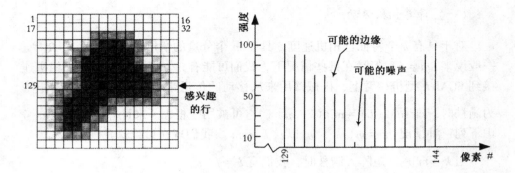

图 5-11　人工的低分辨率图像和它的像素强度与所在位置关系

　　然而，如果一个高频信号通过一个低通滤波器（一种允许低频信号通过而对高频信号有较大衰减的滤波器），它将降低包括噪声和边缘的高频的影响。这就意味着，尽管低通滤波器可以降低噪声的干扰，但是由于削弱了边缘信号及柔化了整个图像，它也降低了图像的分辨能力。另一方面，高通滤波器衰减了低频幅度，从而突出了高频成分。在这种情况下，噪声和边缘信号被保留下来，而变化缓慢的区域却从图像中消失了。

四、基于图像的控制率

　　对于基于图像的控制，其目标位形通过图像特征的目标位形来定义，标记为 s^d。那么，图像误差函数由下式给出

$$e(t) = s(t) - s^d$$

　　基于图像的控制问题是要寻找从上述误差函数到相机运动指令的一个映射。我们将把机器人作为运动定位装置来处理，即忽略机械臂的动力学，而开发用于计算末端执行器期望轨迹的控制器。这种方法背后的假设是，可以通过下层的机械臂控制器来跟踪这些轨迹。

　　在基于图像的控制中，最常用的方法是计算期望的相机速度 ξ，并将它作为控制输入。图像特征速度到相机速度 ξ 的联系通常通过求解公式（5-68）来完成，该式给出能够生成期望值 $\dot{s}$ 的相机速度。在一些情况下，可以通过简单地对交互作用矩阵求逆而完成，但是在其他情况下，必须使用伪逆矩阵。下面，我们介绍交互作用矩阵的各种伪逆矩阵，然后解释如何将这些矩阵用于构建基于图像的控制律。

（一）计算相机运动

对于具有 k 个特征且相机速度 ξ 具有 m 个分量的情形，我们有 $L \in R^{k \times m}$ 。一般说来， $m = 6$ ，但是在某些情况下，我们可能有 $m < 6$ ，例如，如果相机连接到 SCARA 型机械臂上，机械臂用来从移动的传送带上抓取物体。当 L 矩阵为满秩时，即 $\mathrm{rank}(L) = \min(k, m)$ ，它可被用于根据 s 来计算 ξ 。必须要考虑下列三种情况： $k = m$ ， $k > m$ 以及 $k < m$ 。我们现在讨论这几种情况。

当 $k = m$ 并且矩阵 L 满秩时，我们有 $\xi = L^{-1}\dot{s}$ 。

当 $k < m$ ， L^{-1} 不存在，并且系统是欠约束的。在视觉伺服应用中，这意味着我们无法观察足够的特征速度以唯一确定相机运动 ξ ，也就是说，相机运动中有某些特定的分量无法被观测到。在这种情况下，我们可以通过下式给出答案。

$$\xi = L^{+}\dot{s} + (I_m - L^{+}L)b$$

其中， L^{+} 是矩阵 L 的伪逆矩阵，给出如下

$$L^{+} = L^{T}(LL^{T})^{-1}$$

I_m 是 $m \times m$ 的单位矩阵， $b \in R^m$ 是一个任意向量。

在一般情况下，对于 $k < m$ ， $(I - LL^{+}) \neq 0$ ，并且形如 $(I - LL^{+})b$ 的所有向量位于矩阵 L 的归零空间内，这意味着相机速度中无法被观测的那些分量处于 L 的归零空间内。如果令 $b = 0$ ，我们可以获得能够使以下范数最小化的 ξ 取值

$$\| \dot{s} - L\xi \|$$

当 $k > m$ ，并且矩阵 L 满秩时，我们通常将会得到一个不一致的系统，特别是当特征值 s 无法从测定的图像数据获得时。在视觉伺服应用中，这意味着我们观察到比唯一确定相机速度 ξ 所需更多的特征速度。在这种情况下，矩阵 L 的归零空间的秩为零，这是由于 L 的列空间维度等于 $\mathrm{rank}(L)$ 。在这种情况下，我们可以使用最小二乘解

$$\xi = L^{+}\dot{s} \tag{5-69}$$

其中，伪逆矩阵由下式给出

$$L^{+} = (L^{T}L)^{-1}L^{T} \tag{5-70}$$

（二）比例控制方案

李雅普诺夫稳定性定理可被用于分析动态系统的稳定性，但是它也可被用

于辅助设计稳定的控制系统。对于公式（5-68）给出的系统，其误差定义为式（5-67），考虑候选李雅普诺夫函数，如下

$$V(t) = \frac{1}{2} \parallel e(t) \parallel^2 = \frac{1}{2} e^T e$$

该函数的导数为

$$\dot{V} = \frac{d}{dt} \frac{1}{2} e^T e = e^T \dot{e}$$

$$\dot{e} = -\lambda e \tag{5-71}$$

当 $\lambda > 0$ 时，我们有

$$\dot{V} = -\lambda e^T e < 0 \tag{5-72}$$

这将确保闭环系统的渐近稳定性。事实上，如果能够设计出这样的控制器，它将具有指数稳定性，从而保证了即使在小的扰动下（例如相机标定中的微小误差），闭环系统也是渐近稳定的。

在视觉伺服控制情形中，通常能够设计出这样的控制器。误差函数的导数由下式给出

$$\dot{e}(t) = \frac{d}{dt}(s(t) - s^d) = \dot{s}(t) = L\xi$$

将上式代入到公式（5-72）中，我们得到

$$-\lambda e(t) = L\xi$$

如果 $k = m$，并且矩阵 L 满秩，那么 L^{-1} 存在，同时我们有

$$\xi = -\lambda L^{-1} e(t)$$

系统是指数稳定的。当 $k > m$ 时，我们得到下列控制率

$$\xi = -\lambda L^+ e(t)$$

其中，$L^+ = (L^T L)^{-1} L$。但是，在这种情况下，我们没有获得指数稳定性。为了说明这一点，再次考虑上面给出的李雅普诺夫函数。我们有

$$\dot{V} = e^T \dot{e} = e^T L \xi = -\lambda e^T L L^+ e$$

但是，在这种情况下，矩阵 LL^+ 仅是半正定的，因此我们无法通过李雅普诺夫理论来证明渐近稳定性。这是因为 $L^+ \in R^{m \times k}$，由于 $k > m$ 它有一个非零的归零空间。因此，对于某些 e 值，$eLL^+ e = 0$，因此我们只能证明稳定性而无法证明渐近稳定性。

在实际应用中，我们将无法得知 L 或 L^+ 的精确取值，这是因为它们依赖于深度信息，而这必须通过使用计算机视觉系统来进行估计。在这种情况下，我们将有对交互作用矩阵 $\hat{L}^+$ 的一个估计，并且可以使用控制 $\xi = -\hat{L}^+ e(t)$。容

易通过一个类似于上述过程的证明来表明，当 $L\hat{L}^+$ 正定时，所得到的视觉伺服系统将是稳定。这有助于解释基于图像的控制方法相对于计算机视觉系统校准误差的鲁棒性。

（三）划分方法

基于图像的方法虽然多种多样，并且它们相对于标定和检测误差具有鲁棒性，但是当所需相机运动范围较大时，这些方法有时也会失效。考虑下面这种情况，例如当所需的相机运动是关于光轴做大的旋转。如果使用特征点，相机关于光轴的一个纯转动将会使每个特征点在图像中跟踪的轨迹位于一个圆上。与此相比，基于图像的方法则会使得每个特征点从当前图像位置沿直线运动到目标位置。引入的相机运动将会是沿光轴的一个回撤，并且对于所需的角度为 π 的旋转，相机将会回撤到 $z = -\infty$，在此点处，$\det L = 0$，控制器也将会失效。这个问题是由以下事实引起的一个结果：基于图像的控制并没有明确考虑机运动。相反，基于图像的控制确定了图像特征空间中的期望轨迹，并使用交互作用矩阵将该轨迹映射到相机速度。

解决上述问题的一个方法是使用划分方法（partitioned method）。在划分方法中，交互作用矩阵仅被用来控制相机自由度的一个子集，剩余的自由度则通过其他方法来控制。根据交互作用矩阵的相关原理，对于公式

$$
\begin{pmatrix} \dot{u} \\ \dot{v} \end{pmatrix} = \begin{pmatrix} -\dfrac{\lambda}{z} & 0 & \dfrac{u}{z} & \dfrac{uv}{\lambda} & -\dfrac{\lambda^2 + u^2}{\lambda} & v \\ 0 & -\dfrac{\lambda}{2} & \dfrac{v}{z} & \dfrac{\lambda^2 + v^2}{\lambda} & -\dfrac{uv}{\lambda} & -u \end{pmatrix} \begin{pmatrix} v_x \\ v_y \\ v_z \\ \omega_x \\ \omega_y \\ \omega_z \end{pmatrix}
$$

我们可以将此方程写为

$$
\dot{s} = \begin{pmatrix} L_{v_x} & L_{v_y} & L_{v_z} & L_{\omega_x} & L_{\omega_y} & L_{\omega_z} \end{pmatrix} \xi
$$

$$
= \begin{pmatrix} L_{v_x} & L_{v_y} & L_{\omega_x} & L_{\omega_y} \end{pmatrix} \begin{pmatrix} v_x \\ v_y \\ \omega_x \\ \omega_y \end{pmatrix} + \begin{pmatrix} L_{v_z} & L_{\omega_z} \end{pmatrix} \begin{pmatrix} v_z \\ \omega_z \end{pmatrix} \quad (5-73)
$$

$$
= L_{xy} \xi_{xy} + L_z \xi_z
$$

这里，$\dot{s}_z = L_z \xi_z$ 给出了 $\dot{s}$ 中由于相机关于光轴移动和转动而引起的分量，而 $\dot{s}_{xy} = L_{xy} \xi_{xy}$ 则给出了 $\dot{s}$ 中由于绕相机 x 轴和 y 轴移动和转动引起的速度分量。

公式（5-73）使我们能够将控制划分为两个分量 ξ_{xy} 以及 ξ_z。假设我们已经建立了一个控制方案来确定 $\xi_z = u_z$ 的取值。使用基于图像的方法来求解方程（5-73），我们可以得到 ξ_{xy} 如下

$$\xi_{xy} = L_{xy}^+ \{\dot{s} - L_z \xi_z\} \tag{5-74}$$

该公式有一个直观的解释。$- L_{xy}^+ L_z \xi_z$ 是抵消图像运动 $\dot{s}_z$ 所需的 ξ_{xy} 取值。当考虑到由 ξ_z 引起的图像特征运动时，控制 $u_{xy} = \xi_{xy} = L_{xy}^+ \dot{s}$ 给出了生成期望 $\dot{s}$ 所需的关于相机 x 轴和 y 轴的速度。

如果使用上述李雅普诺夫设计方法，令 $\dot{e} = -\lambda e$，我们将得到

$$-\lambda e = \dot{e} = \dot{s} = L_{xy} \xi_{xy} + L_z \xi_z$$

这将得到

$$\xi_{xy} = - L_{xy}^+ (\lambda e(t) + L_z \xi_z)$$

我们可以将 $(\lambda e(t) + L_z \xi_z)$ 作为修正误差来考虑，它包含了原始的图像特征误差，同时又考虑到了由于相机沿/绕光轴的运动（与 ξ_z 相关）而引入的特征误差。

剩下的唯一任务是建立一个控制律来确定 ξ_z 的取值。为了确定 ω_z，我们可以使用从图像平面的水平轴线到连接两个特征点的有向线段的角度 θ_{ij}。对于数值调节，一种较好的方案是选择由特征点构成的最长线段，并且在运动过程中当特征点位形发生变化时，允许改变这种选择。ω_z 的取值由下式给出

$$\omega_z = \gamma_{\omega_z} (\theta_{ij}^{\mathrm{d}} - \theta_{ij})$$

其中，θ_{ij}^{d} 是期望值，γ_{ω_z} 是一个标量增益系数。

我们可以用图像中物体的外观尺寸来确定 v_z，令 σ^2 表示图像中某个多边形的面积。我们定义 v_z 为

$$v_z = \gamma_{v_z} \ln \left(\frac{\sigma^d}{\sigma} \right)$$

使用表观尺寸作为特征的优势在于：①它是一个标量；②它是旋转不变的，因此使得相机转动与沿 z 轴平移之间解耦；③它容易计算。

图 5-12 中展示了这种划分控制器在期望为绕光轴转动 π 角度情形下的表现。注意到此时相机并不回撤（σ 是常数），角度 θ 单调减小，并且特征点绕圆圈移动。特征坐标误差初期会增大，这与传统的基于图像的方法不同，后者

的特征误差单调减小。

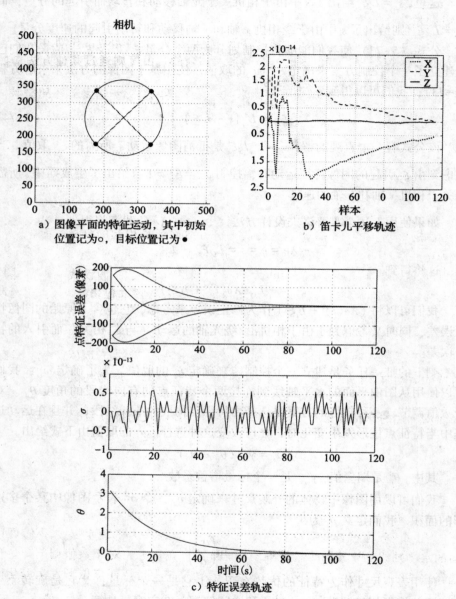

a）图像平面的特征运动，其中初始
位置记为o，目标位置记为●

b）笛卡儿平移轨迹

c）特征误差轨迹

图 5-12　绕光轴转动 π 角度的图像

第六章 机器人现代控制技术

机器人技术是当代最具有代表性的高技术领域之一。对于机器人技术的研究和应用形成了一门新的综合型的技术学科——机器人学。作为机器人的核心部分，机器人控制技术也经历了经典控制技术、现代控制技术和智能控制技术的发展过程。

机器人系统为现代控制理论、智能控制、人工智能提供了重要的研究背景，随着机器人的工作速度和精度的提高，特别是直接驱动型机器人和带有柔性臂机器人的出现，很多现代控制理论应用到机器人控制领域，以解决高度非线性及强耦合系统的控制问题。目前，这些控制技术包括鲁棒控制、最优控制、解耦控制、自适应控制、变结构滑模控制及神经元网络控制等。本章主要介绍基于现代控制理论的几类机器人控制问题。

第一节 机器人变结构控制与自适应控制

一、机器人变结构控制

（一）变结构控制系统的基本原理

1. 设计问题

系统动态方程可写为

$$\dot{x}(t) = f(x, y, t) \qquad (6-1)$$

式中：x —— n 维状态向量；

$\quad u$ ——输入向量；

$\quad f$ ——状态向量与输入向量的非线性函数。

$$u_i(x, t) = \begin{cases} u_i^+(x, t), & s_i(x) > 0 \\ u_i^-(x, t), & s_i(x) < 0 \end{cases} \tag{6-2}$$

在式（6-2）中，$s_i(x) = 0$ 是 m 维切换函数

$$s(x) = 0 \tag{6-3}$$

的第 i 个分量。在几何上 $s(x) = 0$ 又称为切换曲面、超平面或流形，它通常包含状态空间的坐标原点。不难看出，不连续曲在 $s(x) = 0$ 将状态空间分割为 2^m 个区域或 2^m 个连续子系统，而每个子系统具有不同的控制器结构，所以整个空间中控制是不连续的。因此，由式（6-1）和式（6-2）组成的闭环系统称为变结构控制系统，简记为 VSCS 或 VSS。

控制设计目标是选择 s_i，u_i^+ 和 u_i^-，使变结构控制系统的性能达到预定要求。例如，使从任意初态 $x(t_0) = x_0$ 出发的系统状态 x，随着 t 的增加而渐近达到状态空间原点。

2. 滑动和滑态

当系统状态 x 位于某个切换面 $s_i(x) = 0$ 的领域中时，式（6-2）的控制总是使状态趋向这个切换曲面。因此，系统的状态将迅速达到曲面 $s_i = 0$，且保留在这个曲面内，如图 6-1（a）所示。

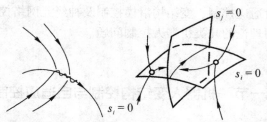

(a)单个曲面上的滑动　　(b) 若干曲面交集上的滑动

图 6-1　系统的曲面状态

系统状态沿 $s_i = 0$ 的运动称为滑动。根据控制律（6-2）的形式，滑动可以发生在单个的切换曲面上，或若干曲面的交集上，也可发生在所有切换曲面的交集上，如图 6-1（b）所示。因此，可能发生滑动的子空间或区域为

$$R_u = \bigcup_{i=1}^{m} R_i$$

式中

$$R_i = \{x : s_i(x) = 0\}$$

各切换曲面所共有的交空间为

$$R_I = \bigcap_{i=1}^{m} R_i$$

显然，子空间 R_u 和 R_l 都是状态空间的一个子空间。当系统状态在并空间 R_u 特别是在交空间 R_l 上滑动时，就称系统处于滑态。只要状态空间的原点是渐近稳定的，是系统在滑态下将收敛于原点。

3. 基本性质

滑态是变结构控制的主要特征，它赋予变结构控制系统许多优越的性能。

（1）降阶。

在滑态下，系统的运动被约束在某个子空间内，所以采用一个低阶微分方程便可描述系统的行为。实际上，既然滑态轨线位于流形 $s(x) = 0$ 上，而 $s(x)$ 为 m 维，所以交空间 R_l 为（$n - m$）维，因而滑态方程的阶次也为（$n - m$），它比原系统降低 m 阶。

（2）解耦。

在实际变结构控制系统中，滑动与控制无关，仅取决于对象的性质和切换函数。这就把原设计问题解耦为两个独立的低维子问题。在控制设计中，控制仅用来使系统处于滑态，这是一个 m 维的设计任务。所需的 R_l 上的运动特征，可通过适当选择切换曲面方程来实现，这是一个（$n - m$）维的设计问题。

（3）鲁棒性和不变性。

变结构控制系统的运动由两个独立部分组成。一个是快速运动，它的任务足把系统状态引向能发生滑动的切换曲面上。因此在 $s_i = 0$ 的邻域中控制常常是双位式的。另一个是慢速滑动，它的任务是使位于 R_l 上的系统状态渐近达到状态空间原点。这样，变结构控制系统就能在不丧失稳定性的条件下，实现快速的零输入响应和渐近的状态调节。仅前者与系统参数和外部扰动有关，但它的过程时间很短，而且又采用了双位式控制形式，所以系统参数和外抗的影响甚微。换句话说，变结构控制系统对系统参数和外部扰动具有完全的或较强的鲁棒性和不变性。因此，它与线性控制系统的设计不同，它能同时兼顾动态精度和静态精度的要求。它的性能宛如一个高（无穷大）增益控制系统，却无须过大的控制动作。

（4）抖动。

滑动是系统状态沿希望轨线前进的运动。在没有收敛到稳定状态之前，由于执行机构或多或少存在一定的延迟或惯性，所以在状态滑动时总伴有抖动，即系统状态实际上是沿希望轨线来回穿行的，而不是滑行。实际应用中得不到理想滑态，只能达到实际滑态。这种抖动在工程上是不希望的，这是一个缺点。有幸的是，现代电子工业已能提供无惯性开关式电子执行机构，再加上一定的设计技巧，这就使抖动问题得到了大大的缓解。

（5）动态特性。

设计切换曲面时，在确保基本性能的前提下，尚有若干自由设计参数，因此可用它们来改善整个控制系统的动态品质。

（二）变结构控制器的设计

现在我们考虑变结构控制器的设计。为了应用变结构控制方法来设计鲁棒补偿控制器 u，在这里要定义一个滑模超平面

$$S = Cx \tag{6-4}$$

这里

$$C = [C_1 \quad C_2]$$

并且 $C_1 \in R^{n \times n}$，$C_2 \in R^{n \times n}$ 为非奇异矩阵，满足

$$\mathrm{Re}\lambda(-C_2^{-1}C_1) < 0 \tag{6-5}$$

这里，$\mathrm{Re}\lambda(\cdot)$ 定义的是一个方阵的特征值的实部。不失一般性，我们令 $C_2 = I$。下面的问题就是设计补偿控制输入 u，使得下面的不等式成立

$$S^T \dot{S} < 0 \tag{6-6}$$

下面的定理将要告诉我们如何设计这样的控制器。

定理1　如果选择如下的控制律

$$u = \begin{cases} \dfrac{C_2{}^T S}{\| C_2 S \|^2}w, & \| S \| \neq 0 \\ 0, & \| S \| = 0 \end{cases} \tag{6-7}$$

这里，$w = -S^T CAx - \| S \| \| C_2 \| \tilde{\rho}$，$\tilde{\rho}$ 为不确定性的上界，同时，e 渐近趋向于零点。

证明：选择如下的李雅普诺夫函数方程

$$V = \frac{1}{2}S^T S \tag{6-8}$$

对其求时间的导数，得到

$$\begin{aligned}
\dot{V} &= S^T \dot{S} \\
&= S^T(CAx + CBu + CBd) \\
&= S^T CAx + S^T C_2 u + S^T C_2 d \\
&= S^T CAx + w + S^T C_2 d \\
&= -\| S \| \| C_2 \| \tilde{\rho} + S^T C_2 d < 0, \quad \| S \| \neq 0
\end{aligned}$$

因此得到了下面的滑模函数

$$S = Cx = 0 \qquad (6-9)$$

在滑模平面上，闭环系统的误差模型有着下面的形式

$$\dot{e} = -C_2^{-1}C_1 e \qquad (6-10)$$

显然跟踪误差 e 渐近趋向于零点。

二、机器人自适应控制

（一）机器人自适应控制的状态模型和结构

机器人的自适应控制是与机械手的动力学密切相关的。具有 n 个自由度和 n 个关节单独传动的刚性机械手的动态方程可由下式表示。

$$F_i = \sum_{j=1}^{n} D_{ij}(q)\ddot{q}_j + \sum_{j=1}^{n}\sum_{k=1}^{n} C_{ijk}(q)\dot{q}_j\dot{q}_k + G_i(q), \quad i = 1, 2, \cdots, n$$

$$(6-11)$$

此动力学方程的矢量形式为：

$$F = D(q)\ddot{q} + C(q, \dot{q}) + G(q) \qquad (6-12)$$

重新定义：

$$C(q, \dot{q}) \overset{\text{def}}{=\!=} C^1(q, \dot{q})\dot{q}$$
$$G(q) \overset{\text{def}}{=\!=} G^1(q)q \qquad (6-13)$$

代入式（6-12）可得：

$$F = D(q)\ddot{q} + C^1(q, \dot{q})\dot{q} + G^1(q)q \qquad (6-14)$$

这是拟线性系统表达方式。

又定义

$$x = [q, \dot{q}]^T \qquad (6-15)$$

为 $2n \times 1$ 状态矢量，则可把式（6-14）表示为下列状态方程：

$$\dot{x} = A_p(x, t)x + B_p(x, t)F \qquad (6-16)$$

式中，$A_p(x, t) = \begin{bmatrix} 0 & I \\ -D^{-1}G^1 & -D^{-1}C^1 \end{bmatrix}_{2n \times 2n}$，$B_p(x, t) = \begin{bmatrix} 0 \\ D^{-1} \end{bmatrix}_{2n \times 2n}$ 为状态

矢量 x 的非常复杂的非线性函数。

上述机械手动力学模型是机器人自适应控制器的调节对象。

实际上，必须把传动装置的动力学包括进控制系统模型。对于具有 n 个驱

动关节的机械手。可把其传动装置的动态作用表示为

$$M_a u - \tau = J_a \ddot{q} + B_a \dot{q} \tag{6-17}$$

式中，u，q 和 τ 分别为传动装置的输入电压、位移和扰动力矩的 $n \times 1$ 矢量；M_a，J_a 和 B_a 为 $n \times n$ 对角矩阵，并由传动装置参数所决定。τ 由两部分组成：

$$\tau = F(q, \dot{q}, \ddot{q}) + \tau_d \tag{6-18}$$

其中，F 由式（6-14）确定，它表示与连杆运动有关的力矩；τ_d 则包括电动机的非线性和摩擦力矩。

联立求解式（6-14）、式（6-17）和式（6-18），并定义：

$$\begin{cases} J(q) = D(q) + J_a \\ E(q) = C^1(q) + B_a \\ H(q)q = G^1(q)q + \tau_d \end{cases} \tag{6-19}$$

可求得机器人传动系统的时变非线性状态模型如下：

$$\dot{x} = A_p(x, t)x + B_p(x, t)u \tag{6-20}$$

式中，

$$\begin{cases} A_p(x, t) = \begin{bmatrix} 0 & I \\ -J^{-1}H & -J^{-1}E \end{bmatrix}_{2n \times 2n} \\ B_p(x, t) = \begin{bmatrix} 0 \\ J^{-1}M_a \end{bmatrix}_{2n \times 2n} \end{cases} \tag{6-21}$$

状态模型（6-16）和（6-20）具有相同的形式，均可用于自适应控制器的设计。

自适应控制器的主要结构有两种，即模型参考自适应控制器（MRAC）和自校正自适应控制器（STAC），分别如图 6-2（a）和（b）所示。现有的机器人自适应控制系统，基本上是应用这些设计方法建立的。

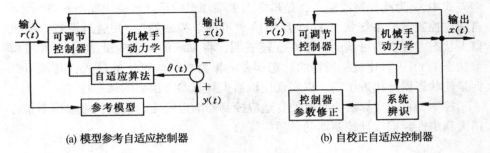

(a) 模型参考自适应控制器　　　　　　　(b) 自校正自适应控制器

图 6-2　自适应控制器的主要结构图

（二）模型参考自适应控制器

模型参考自适应控制法控制器的作用是使得系统的输出响应趋近于某种指定的参考模型，其结构如图 6-3 所示。指定的参考模型可选为一稳定的线性定常系统：

$$\dot{y} = A_m y + B_m r \tag{6-22}$$

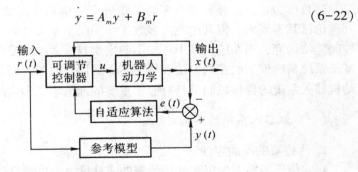

图 6-3　模型参考自适应控制

式中：y —— $2n$ 参考模型状态向量；

　　　　r —— $2n$ 参考模型输入向量；

且

$$A_m = \begin{bmatrix} 0 & I \\ -A_1 & A_2 \end{bmatrix} \quad B_m = \begin{bmatrix} 0 \\ A_1 \end{bmatrix}$$

式中：A_1 —— 含有 ω_i 项的 $n \times n$ 阶对角矩阵；

　　　　A_2 —— 含有 $2\xi_i\omega_i$ 项的 $n \times n$ 阶对角矩阵。

方程式（6-22）表示 n 个含有指定参数 ω_i 和 ξ_i 的无耦联二阶线性常微分方程

$$\ddot{y}_i + 2_i\xi\omega_i\dot{y}_i + \omega_i^2 y_i = \omega_i^2 r \tag{6-23}$$

式中，r 为此控制器输入，是机器人手端理想的运动轨迹。如图 6-3 所示，自适应控制器把系统状态 $x(t)$ 反馈给"可调节控制器"，并通过调整，使机器人状态方程变为可调的。图 6-3 还表明，将系统的状态变量 $x(t)$ 与参考模型状态 $y(t)$ 进行比较，所得的状态误差 e 作为自适应算法的输入，其调节目标是使状态误差接近于零，以实现使机器人具有参考模型的动态特性。

控制器自适应算法应具有使自适应控制器渐近稳定的功能，可根据李雅普诺夫稳定性判据设计控制器的自适应算法。

第二节　机器人鲁棒控制

一、机器人鲁棒控制基础

到目前为止，已经有相当多的工作研究完整和非完整力学系统控制问题，其理论已基本成熟。但其中绝大多数工作局限于系统精确模型下的运动规划和控制算法研究，当系统模型中存在不确定参数或者系统受到外部扰动时，这些基于系统精确模型的控制方法和算法不再适用。因此，研究包含不确定性的移动机器人系统的鲁棒控制就具有非常重要的理论意义和应用价值。

(一) 机器人系统的不确定性

1. 传感器的不确定性

影响传感器精度的因素如传感器的线性度、温度漂移等。对于机器人精确定位来说，用到的传感器主要有：位置传感器、视觉传感器、激光传感器、声呐传感器、微波传感器、红外传感器等。有许多研究人员为了克服单一传感器带来的误差，采用同类多传感器或采用不同种类传感器信息进行信息融；将位置传感器与视觉传感器的信息融合起来。

2. 控制器的不确定性

控制器根据传感器反馈回来的信息进行任务的规划，然后给出所期望的路径把结果送至执行机构。控制器输出与期望输出之间存在偏差，而且在控制器处理所反馈回来的信息时存在大量的运算误差。

3. 机器人模型不准确所带来的不确定性

机器人内部的运行机制按照其特有的规律运行，机器人内部存在非线性，而且状态之间存在强耦合，所建立的机器人的动力学模型、运动学模型存在不确定性因素。

（二）解决不确定性的方法

1. 数理统计方法

（1）基于栅格法的马尔可夫链的方法。

该方法能够在精确解决时表示任意复杂概率密度，然而这种方法的计算量以及内存消耗太大，而且栅格的尺寸以及由此引起表示状态的精度必须预先限制。

（2）蒙特卡洛定位（Monte Carlo Location）的方法。

该方法采取一种不同于描述概率密度函数本身的方法来表示不确定性，以及利用近来发展的目标跟踪、统计学、计算机视觉等。该方法相对于以前的方法而言有以下优点：相对于卡尔曼滤波来说，该办法可以表示多模态分布因此可以全局定位机器人；相对于基于栅格的马尔可夫定位来说，该办法可以减少相当的内存；由于该方法在采样及合理表示的状态不是离散的，因此比具有固定尺寸的马尔可夫定位方法更精确，该方法更易于实现。

2. 智能控制（Intelligence Control）方法

该方法应用较多的有模糊逻辑控制（Fuzzy Logical Control）；人工神经元网络控制（Artificial Neural Network）。由于传统控制方法主要依赖确定性的模型，而实际中许多模型多存在着或多或少的不确定性因素，因此智能控制用来处理不确定性应运而生。

3. 融合控制

由于使用单一传感器反馈信息有时存在误差甚至错误信息，因此，进来使用多传感器检测引起了极大的兴趣。将各个传感器反馈回来的信息进行融合可消除失效传感器和测量值为野值的传感器的影响，然后进行规划。

4. 鲁棒控制

传统的控制理论如经典控制理论、现代控制理论和自适应控制理论等，都要求被控对象的精确模型或要求对象模型的不确定性和外界干扰满足特殊的假设，然而在实际控制系统中，要获得被控对象的精确模型是困难的，甚至是不可能的，对象的不确定和外界干扰也往往不满足特殊性假设。因而传统控制理论与实际工程应用之间出现了较大的差距。为满足人类生产发展中对大量的不确定复杂对象的控制要求，鲁棒控制理论于 20 世纪 80 年代初开始形成和发展，目前已取得了大量的研究成果。

（三）相关定义及定理

1. 系统的不确定性和鲁棒性

由于被控对象的复杂性，常常要用低阶的线性定常集中参数模型来代替实际的高阶非线性时变分布参数系统。这样，势必要引入系统模型的不确定性。另外，在控制系统的运行过程中还会出现环境变化、元件老化等问题。因此，一个不可回避的问题是：如何设计控制器，使得当一定范围的参数不确定性及一定限度的未建模动态存在时，闭环系统仍能保持稳定并保证一定的动态性能品质。这样的系统我们称它具有鲁棒性。

在控制系统中，常见的不确定性模型有以下几种：

（1）随机模型：这种不确定性问题常用随机控制理论进行研究；

（2）统计模型：这种不确定性问题常用适应控制理论进行研究；

（3）模糊不确定性模型：这种不确定性问题常用模糊控制理论进行研究；

（4）未知有界不确定性模型：这种不确定性问题常用鲁棒控制理论进行研究；

产生模型不确定性的因素主要包括参数不确定性和动态不确定性 $\Delta(S)$。系统的动态不确定性常常又分为以下几种形式：

1）加性不确定性：$G(S, \Delta_A) = G_0(S) + \Delta_A(S)$

2）乘性不确定性：$G(S, \Delta_M) = G_0(S) + (1 + \Delta_M(S))$

3）分子分母不确定性：$G(S, \Delta_N, \Delta_D) = \dfrac{N(S) + \Delta_N(S)}{D(S) + \Delta_D(S)}$，此时 $G_0(S) = \dfrac{N(S)}{D(S)}$。

以上式中的 $G_0(S)$ 称为标称对象。

2. 系统的输入输出稳定性和内部稳定性

（1）输入输出稳定性。

定义：将系统 G 看成 $L^p \to L^p$ 的算子，则若 G 满足

①若 $u \in L^p$，则 $G_u \in L^p$；

②存在有限常数 k 和 b，使得 $\| G_u \|_p < k \| u \|_p + b$，任意 $u \in L^p$，则称 G 是 L^p 稳定的，也即输入输出是稳定的。若 G 是线性的，可取 $b = 0$。

定理6-1：系统 G 输入输出稳定的充要条件是系统的脉冲响应 $h(t)$ 绝对可积，即满足

$$\int_0^\infty |h(t)| \mathrm{d}t \leqslant k < \infty \tag{6-24}$$

定理 6-2：设多输入多输出系统的脉冲响应矩阵为 $H(t)$，则系统输入输出稳定的充要条件是 $H(t)$ 的每个元 $h_{ij}(t)$ 均满足

$$\int_0^\infty |h_{ij}(t)| \mathrm{d}t \leq k < \infty \tag{6-25}$$

定理 6-3：设多输入多输出线性定常系统的传递函数矩阵为 $G(S)$，则系统输入输出稳定的充要条件是：当 $G(S)$ 为有理函数矩阵时，$G(S)$ 的每个元 $g_{ij}(S)$ 的所有极点均具有负实部。

（2）内部稳定性。

定义 6-1：设线性定常系统的状态空间描述为

$$\begin{aligned} \dot{x} &= Ax + Bu \\ y &= Cx + Du \end{aligned} \tag{6-26}$$

若由任意 $x(0) = x_0$。引起的零输入响应 $x(t)$ 满足

$$\lim_{t \to \infty} x(t) = 0 \tag{6-27}$$

则称系统是内部稳定的。内部稳定性指的是系统的 Lyapunov 稳定性。讨论内部稳定性时必须令 $u(t) = 0$。

定理 6-4：系统（6-26）内稳定的充要条件是矩阵 A 的所有特征值均具有负实部。

定理 6-5：若线性定常系统是内部稳定的，则必是输入输出稳定的。

定理 6-6：若线性定常系统是能控能观的，则其内部稳定性和输入输出稳定性是等价的。

二、机器人 H^∞ 鲁棒控制器的设计

将机器人的动力学方程

$$\begin{cases} M(q)\ddot{q} + C(q, \dot{q})\dot{q} + G(q) + H(q, \dot{q}) = \tau \\ H(q, \dot{q}) = F_d\dot{q} + F_s(q) + \tau_d(t, q, \dot{q}) \end{cases}$$

写为如下形式

$$M(q)\ddot{q} + C(q, \dot{q})\dot{q} + G(q) + F_d(\dot{q}) + F_s(q) = u - d \tag{6-28}$$

式中：u 是关节力矩向量，干扰量 $d \in L_2[0, T]$（$\forall T > 0$），$M_0(q)$，$C_0(q, \dot{q})$，$G_0(q)$，F_{d0} 和 $F_{s0}(q)$ 为系统（6-28）的标称值，有如下机器人动力学结构特性。

特性 6-1：Craig 等人证明有

$$\| C(q, \dot{q}) \| \leqslant \beta_0 \| \dot{q} \| \, ; \quad \| G(q) + F_d(\dot{q}) + F_s(\dot{q}) \| \leqslant \beta_1 + \beta_2 \| \dot{q} \|$$

式中，$\beta_{0, 1, 2}$ 为正常数。可以得出

$$\| M - M_0 \| \leqslant k_1 \, ; \quad \| C - C_0 \| \leqslant k_2 \| \dot{q} \| \, ;$$

$$\| G + F_d + F_s - G_0 - F_{d0} - F_{s0} \| \leqslant k_3 + k_4 \| \dot{q} \| \qquad (6\text{-}29)$$

式中，$k_{1, 2, 3, 4}$ 为正常数。定义系统（6-28）的广义轨迹跟踪误差为

$$x = e_2 + K_1 e_1$$

式中，K_1 是正定常增益对角矩阵，且

$$e_1 = q - q_d \, ; \quad e_2 = \dot{q} \qquad (6\text{-}30)$$

这里假设系统的期望轨迹 q_d，$\dot{q}_d$，$\ddot{q}$ 为有界的，取

$$\varepsilon = (M - M_0)\ddot{q}_d + (C - C_0)(\dot{q}_d - K_1 e_1) + (F_d + F_s + G - F_{d0} - F_{S0} - G_0) \qquad (6\text{-}31)$$

式中，K_1 为常数，则有

$$\| \varepsilon \| \leqslant \lambda_0 + \lambda_1 \| e_1 \| + \lambda_2 \| e_2 \| + \lambda_3 \| e_1 \| \| e_2 \|$$

式中，$\lambda_{0, 1, 2, 3}$ 为正常数。

下面考虑非线性系统

$$\begin{cases} \dot{x} = f(x) + g(x)u + K(x)d \\ z = z(x) \end{cases} \qquad (6\text{-}32)$$

式中：$x \in R^n$，$f(x_0) = 0$，$u \in R^m$ 为控制输入量，干扰量 $d(t) \in L_2[0, T]$，$\forall T > 0$，z 为辅助输出量。

H^∞ 干扰衰减控制问题可表述为如下引理。

引理 6-1：对非线性系统（6-32），如果能找到一正定光滑函数 $V(x)$，$\gamma \geqslant 0$ 以及控制量 $u = u(x)$ 使得如下 Hamilton-Jacobi-Isaacs（HJI）不等式成立：

$$L_{f(x)+g(x)u(x)} V(x) + (1/2\gamma^2) L_{K(x)} V(x) (L_{K(x)} V(x))^T + 0.5 \| z \|^2 \leqslant 0 \qquad (6\text{-}33)$$

式中，$V(x_0) = 0$，则 d 到 z 的 L_2 增益小于等于 γ，并且当 $d = 0$ 时，系统是渐近稳定的。

将机器人系统（6-28）写成如式（6-34）所示的误差方程形式，有

$$\begin{cases} \dot{e}_1 = e_2 \\ \dot{e}_2 = -M(q)[C(q, \dot{q})\dot{q} + G(q) + F_s(\dot{q}) + F_d\dot{q} + d - u] - \ddot{q}_d \end{cases} \qquad (6\text{-}34)$$

反推设计方法是一种构造性的非线性控制器设计方法。它与非线性 H 控制结合，可避免直接求解 HJI 不等式。

第三节　机器人最优控制与自学习控制

一、机器人最优控制

对于下面的辅助系统

$$\dot{x} = A(x) + B(x)u$$

寻找一反馈控制律 $u = u_0(x)$ 使得下面的函数最小

$$\int_0^\infty [\eta_{\max}(x)^2 + \| x \|^2 + \gamma^2 \| u \|^2] \, \mathrm{d}t$$

这里 $\gamma \neq 0$ 且是一设计参数，用来均衡状态量和输入量的权值，在下面也要用到。通常情况下，它是根据经验来选定的。

现在，我们很容易能够找到 $\eta_1 = [0 - M_0^{-1} \Delta M] \dot{x}$，$\eta_2 = [0 - M_0^{-1} \Delta C] x$ 分别满足下面的等式

$$\Delta H(\dot{x}, x) = B\eta_1$$
$$\Delta A(x) = B\eta_2$$

也就是说 $\Delta H(\dot{x}, x)$ 和 $\Delta A(x)$ 满足假设 1 的匹配条件，因此可以得到下面的方程

$$\dot{x} = Ax + Bu + B\eta \tag{6-35}$$

事实上，很多情况下能够用低阶函数来表示高阶函数，如我们很熟悉的下面的表达式

$$\dot{y}(t) = \frac{y(t + \Delta t) - y(t)}{\Delta t}$$

这里，t 表示时间量，Δt 表示时间间隔。在实际工程应用当中，特别当计算机作为计算工具时，上面的表达式可变成如下的离散形式

$$\dot{y}(n) = \frac{y(n + 1) - y(n)}{T_s}$$

这里，n 用来表示时间，T_s 为采样周期。

假设 1　存在正定矩阵 W_h，W_a 满足下面的不等式：

$$\| \eta_1(\dot{x}, x) \| \leq \| W_h x \| \, , \, \forall \dot{x}$$

$$\| \eta_2(x) \| \leq \| W_a x \| , \forall x$$

很明显，W_h，W_a 描述了未知函数增益的界。

根据假设 1，我们很容易能够找到一正定矩阵 P 满足下面的不等式

$$\gamma^2 \eta^T(x) \eta(x) \leq x^T P x \tag{6-36}$$

我们对于系统（6-35）的研究就是寻找一鲁棒反馈控制律 $u = u_0(x)$，使得下面的闭环系统

$$\dot{x} = Ax + Bu_0(x) + B\eta \tag{6-37}$$

对于满足式（6-36）所有的 η 是全局渐近稳定的。

还要介绍一下线性系统的二次型优化问题。对于下面的辅助系统

$$\dot{x} = Ax + Bu \tag{6-38}$$

寻找一反馈控制律 $u = u_0(x)$ 使得下面的性能指标函数

$$J = \int_0^\infty (x^T P x + x^T x + \gamma^2 u_0^T u_0) \, dt$$

达到最小。

当 (A, B) 完全可控时，上述二次型优化问题的解总是存在的，并且能够通过解下面的代数里卡蒂方程来得到。

$$A^T Q + QA + P + I_{2n} - \gamma^{-2} Q B B^T Q = 0 \tag{6-39}$$

这里，P 满足式（6-36），I_{2n} 是 $2n$ 阶单位阵，Q 是任意的正定矩阵，则最优反馈控制律为 $u_0(x) = -\gamma^{-2} B^T Q x$。

二、自学习控制

学习控制是人工智能技术应用到控制领域的一种智能控制方法。已经提出了多种机器人学习控制方法，如基于感知器的学习控制、基于小脑模型的学习控制等，这里只介绍一种基于感知器的学习控制方法。

（一）基于感知器的学习控制方法

这种方法首先由 Arimoto 等人提出，方法的程序如图 6-4 所示。

输出值 $Y_1(t)$（$0 \leq t \leq T$）在首次试验运动中由输入值 $U_1(t)$ 给入系统后得到。然后，实际输出值与期望输出之间的首次误差 $e_1(t)$ 计算如下

$$e_1(t) = Y_d(t) - Y_1(t) \tag{6-40}$$

第 2 次输入值 $U_2(t)$ 由下式计算

$$U_2(t) = U_1(t) + G(e_1) \tag{6-41}$$

其中，$G(e_k)$ 表示误差修正量，是误差 e_k 的函数，或者是 e_k，$\dot{e}_k$，$\ddot{e}_k$ 的

函数。

如果力矩用作输入值 U_k，用位置和（或）速度误差的函数不可能在少数几次试验运动中实现期望运动，这是因为在每次试验运动的初始时刻不存在位置和速度误差。因此，这里采用加速度误差来计算 $G(e_k)$。

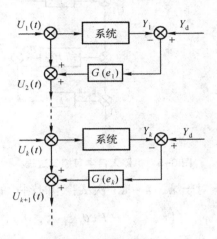

图 6-4　学习控制法程序图

（二）机器人自学习控制法

n 关节操作手运动的动力学方程可表示为

$$M(q)\ddot{q} + H(q, \dot{q}) + G(q) = \tau \tag{6-42}$$

式中：τ —— $n \times 1$ 力矩矢量；

q ——关节角位置；

$\dot{q}$ ——关节角速度；

$H(q, \dot{q})$ —— n 维与哥氏力和离心力有关的矢量；

$M(q)$ —— $n \times n$ 维正定、对称的惯量矩阵。

机器人自学习控制过程如图 6-5 所示。

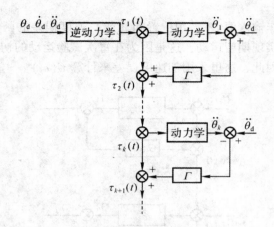

图 6-5 机器人自学习控制过程

使用式（6-42），对于第（$k-1$）次试验中时刻 t_s 的加速度计算如下：

$$\ddot{\theta}_{(k-1,\,t_s)} = M^{-1}(\theta_{(k-1,\,t_s)})\,[\tau_{(k-1,\,t_s)} - H(\theta_{(k-1,\,t_s)},\,\dot{\theta}_{(k-1,\,t_s)}) - G(\theta_{(k-1,\,t_s)})]$$

（6-43）

下标（$k-1,\,t_s$）表示在第（$k-1$）次试验中的时刻 t_s。在第 k 次试验中时刻 t_s 的力矩 $\tau_{(k,\,t_s)}$，则由下列方程计算得到

$$\tau_{(k,\,t_s)} = \tau_{(k-1,\,t_s)} + \Gamma[\ddot{\theta}_d(t_s) - \ddot{\theta}_{(k-1,\,t_s)}]$$

（6-44）

其中，Γ 表示控制系统的学习增益，$\ddot{\theta}_d$ 代表期望关节角加速度在时刻 t_s 的值。$\ddot{\theta}_{(k-1,\,t_s)}$ 表示关节角加速度在（$k-1$）次试验中 t_s 时刻的值。可以根据式（6-43）和式（6-44）用下列方程式计算 $\tau_{(k,\,t_s)}$：

$$\tau_{(k,\,t_s)} = \tau_{(k-1,\,t_s)} + \Gamma\{\ddot{\theta}_d(t_s) - M^{-1}(\theta_{(k-1,\,t_s)})\,[\tau_{(k-1,\,t_s)} - H(\theta_{(k-1,\,t_s)},$$

$$\dot{\theta}_{(k-1,\,t_s)}) - G(\theta_{(k-1,\,t_s)})]\}$$

（6-45）

$$\tau_{(k,\,t_s)} = A\tau_{(k-1,\,t_s)} + B$$

（6-46）

$$A = [\dot{I} - \Gamma M^{-1}(\theta_{(k-1,\,t_s)})]$$

$$B = \Gamma\{\ddot{\theta}_d(t_s) - M^{-1}(\theta_{(k-1,\,t_s)})\,[H(\theta_{(k-1,\,t_s)},\,\dot{\theta}_{(k-1,\,t_s)}) + G(\theta_{(k-1,\,t_s)})]\}$$

现在讨论在最终试验（$k \to \infty$）时式（6-46）在整个运动时域（$0 \leqslant t \leqslant T$）内的收敛条件。由式（6-46）可得

$$\tau_{(1, \ t_s)} = A\tau_{(0, \ t_s)} + B$$

$$\tau_{(2, \ t_s)} = A\tau_{(1, \ t_s)} + B = A^2\tau_{(0, \ t_s)} + AB + B$$

$$\vdots$$

$$\tau_{(k, \ t_s)} = A\tau_{(k-1, \ t_s)} + B = A^k\tau_{(0, \ t_s)} + A^{k-1}B + A^{k-2}B + \cdots + B$$

$$= A^k\tau_{(0, \ t_s)} + (^I - A) - 1(I - A^k)B$$

从上式可以看出：渐近方程式（6-46）的收敛条件为

$$\lim_{k \to \infty} A^k = 0 \tag{6-47}$$

矩阵 A 用对角矩阵 Q 变换成如下形式

$$A^k = P^{-1}QP \tag{6-48}$$

式中，$Q = \mathrm{diag}(\lambda_1, \ \lambda_2, \ \cdots, \ \lambda_n)$

λ_i 表示矩阵 A 的特征值，满足式（6-47）的条件，对于每个 λ_i 满足如下不等式

$$|\lambda_i| < 1 \tag{6-49}$$

渐近方程式（6-46）的收敛速度取决于矩阵 A 收敛到零的速度。于是可以认为学习控制法的速度取决于特征矢量 λ 的长度，即

$$\lambda = \sqrt{\lambda_1^2 + \lambda_2^2 + \cdots + \lambda_n^2} \tag{6-50}$$

从上述描述的计算可以看出：最佳学习增益 Γ_{opt} 是 当 λ 取最小值时得到的。

反馈控制的控制率式（6-42）也可以用式（6-41）表示，包括位移、速度、加速度的反馈信息。

$$\tau_{(k, \ t_s)} = \tau_{(k-1, \ t_s)} + K_p [\theta_d(t_s) - \theta_{(k-1, \ t_s)}] + K_v [\theta_d(t_s) - \theta_{(k-1, \ t_s)}]$$
$$+ K_a [\theta_d(t_s) - \theta_{(k-1, \ t_s)}] \tag{6-51}$$

式中：K_p，K_v，K_a 分别为关节的角位置、速度和加速度反馈增益矩阵，它们都是对角的正定常数矩阵。

第七章　机器人智能控制研究

　　智能机器人的研究是目前机器人研究中的热门课题。作为一门新兴学科，它融合了神经生理学、心理学、运筹学、控制论和计算机技术等多学科思想和技术成果。智能控制的研究主要体现在对基于知识系统、模糊逻辑和人工神经网络的研究。智能机器人可以在非预先规定的环境中自行解决问题。智能机器人的技术关键就是自适应和自学习的能力，而模糊控制和神经网络控制的应用显示出诸多优势，具有广阔的应用前景。

第一节　智能控制的分类与基本特征

一、智能控制概述

　　科学技术的高速发展使得控制的对象日益复杂化。传统的自动控制理论在面临复杂性所带来的困境时，力图突破旧的模式以适应社会对自动化学科提出新的要求。智能控制作为自动控制理论的前沿理论之一，反映了控制理论界近年来在迎接对象复杂性的挑战中做出的种种努力。目前，智能控制技术的应用可以说涉及非常广泛的领域，例如医学、航空航天、机器人、家电及工业产品、机电设备、交通工具、仪器仪表、核反应堆控制等。智能控制从理论到应用都得到发展。

　　智能控制是以控制理论、计算机科学、人工智能、运筹学等学科为基础，扩展了相关的理论和技术，其中应用较多的有模糊逻辑、神经网络、专家系统、遗传算法等理论和自适应控制、自组织控制、（自）学习控制等技术。智能控制的研究内容之一就是把智能控制的相关技术与控制方式结合或综合交叉结合，构成风格和功能各异的智能控制系统和智能控制器。由于智能控制所具有的重要特性，因而受到广泛重视和研究。

（一）智能控制的兴起

1. 自动控制的发展与挫折

20 世纪 40 年代至 20 世纪 50 年代，以频率法为代表的单变量系统控制理论逐步发展起来，并且成功地用在雷达及火力控制系统上，形成了今天所说的"古典控制理论"。20 世纪六七十年代，数学家们在控制理论发展中占了主导地位，形成了以状态空间法为代表的"现代控制理论"，他们引入了能控、能观、满秩等概念，使得控制理论建立在严密精确的数学模型之上，从而造成了理论与实践之间的巨大分歧。20 世纪 70 年代后，又出现了"大系统理论"，但是这种理论解决实际问题的能力更弱，很快被人们放到了一边。由于空间技术、计算机技术及人工智能技术的发展，控制界学者在研究自组织、自学习控制的基础上，为了提高控制系统的自学习能力，开始注意将人工智能技术与方法应用于控制系统。

2. 智能控制的兴起

建立于严密的数学理论上的控制理论发展受到挫折，而模拟人类智能的人工智能却迅速发展起来，控制理论从人工智能中吸取营养求发展成为必然。工业系统往往呈现高维、非线性、分布参数、时变、不确定性等复杂特征。特别是非线性对控制结果的影响复杂，控制工程人员很难深入理解，更谈不上设计出合适的控制算法。不确定性是最难以解决的问题，也是导致大系统理论失败的根本原因。但是，对这些问题用工程控制专家经验来解决则往往是成功的，因为人是最聪明的控制器，模仿人是一种途径。

1967 年，Leondes 和 Mendel 首先正式使用"智能控制"一词，并把记忆、目标分解等一些简单的人工智能技术用于学习控制系统，提高了系统处理不确定性问题的能力，标志着智能控制的思想萌芽。从 20 世纪 70 年代初开始，傅京孙、Gloriso 和 Saridis 等人从控制论角度进一步总结了人工智能技术与自适应、自组织、自学习控制的关系，正式提出了智能控制就是人工智能技术与控制理论的交叉，并创立了人-机交互式分级递阶智能控制的系统结构。

在 20 世纪 70 年代中后期，以模糊集合论为基础，从模仿人的控制决策思想出发，智能控制在另一个方向——规则控制（rule-based control）上也取得了重要的进展。1974 年，Mamdani 将模糊集和模糊语言逻辑用于控制，创立了基于模糊语言描述控制规则的模糊控制器。1979 年，他又成功地研制出自组织模糊控制器，使得模糊控制器具有了较高的智能。模糊控制的形成和发展，以及与人工智能中的产生式系统、专家系统思想的相互渗透，对智能控制理论的形成起了十分重要的推动作用。

进入 20 世纪 90 年代以来，智能控制的研究势头异常迅猛。美国《IEEE 控制系统》杂志 1991、1993、1995 年多次发表《智能控制专辑》，英国《国际控制》杂志 1992 年也发表了《智能控制专辑》，日文《计测与控制》杂志 1994 年发表了《智能系统特集》，德文《电子学》杂志自 1991 年以来连续发表多篇模糊逻辑控制和神经网络方面的论文，俄文《自动化与遥控技术》杂志 1994 年也发表了自适应控制的人工智能基础及神经网络方面的研究论文。从上述论文和专辑的内容看，智能控制研究涉及众多领域，从高技术的航天飞机推力矢量的分级智能控制、空间资源处理设备的高自主控制，到智能故障诊断及控制重新组合，从轧钢机、汽车喷油系统的神经控制到家电产品的神经模糊控制。如果说智能控制在 20 世纪 80 年代的应用和研究主要是面向工业过程控制，那么 20 世纪 90 年代，智能控制的应用已经扩大到面向军事、高技术领域和日用家电产品等领域。今天，"智能性"已经成为衡量"产品"和"技术"高低的标准。

（二）传统控制和智能控制的对比

传统控制是经典控制和现代控制理论的统称。传统控制和智能控制的主要区别就在于它们控制不确定性和复杂性系统及达到高控制性能的能力方面，显然传统控制方法能力低且有时丧失了这种能力。相反，智能控制的能力高，因为智能控制用拟人化的方式来表达，即智能控制系统具有拟人的智能或仿人的智能，这种智能不是系统中固有的，而是人工赋予的人工智能，这种智能主要表现在智能决策上。这就表明，智能控制系统的核心是去控制复杂性和不确定性系统，而控制的最有效途径就是采用仿人智能控制决策。

传统控制是基于被控对象精确模型的控制方式，这种方式可谓"模型论"。而智能控制方式相对于"模型论"可称之为"控制论"，这种控制论实际上是智能决策论。传统控制为了控制必须建模，而利用不精确的模型又采用某个固定控制算法，使整个控制系统置于模型框架下，缺乏灵活性和应变性，因此很难胜任对复杂系统的控制。智能控制的核心是控制决策，采用灵活机动的决策方式迫使控制朝着期望的目标逼近。

传统控制适于解决线性、时不变等相对简单的控制问题，这些问题用智能方法同样也可以解决智能控制是对传统控制理论的发展，传统控制是智能控制的一个组成部分，是智能控制的低级阶段，在这个意义上，传统控制和智能控制可以统一在智能控制的框架下。

二、智能控制的分类

（一）递阶控制系统

由萨里迪斯和梅斯特尔等人提出的递阶智能控制是按照精度随智能降低而提高的原理（IPDI）分级分布的，这一原理是递阶管理系统中常用的。

智能控制系统是由三个基本控制级构成的，其级联交互结构如图 7-1 所示。图中 f_E^C 为自执行级至协调级的在线反馈信号；f_C^O 为自协调级至组织级的离线反馈信号；$C = \{c_1, c_2, \cdots, c_m\}$ 为输入指令；$U = \{u_1, u_2, \cdots, u_m\}$ 为分类器的输出信号，即组织器的输入信号。

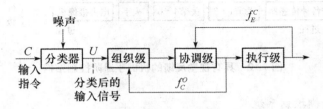

图 7-1　递阶智能机器的级联结构

递阶智能控制系统是个整体，它把定性的用户指令变换为一个物理操作序列。系统的输出是通过一组施于驱动器的具体指令来实现的。其中，组织级代表控制系统的主导思想，并由人工智能起控制作用。协调级是上（组织）级和下（执行）级间的接口，承上启下，并由人工智能和运筹学共同作用。执行级是递阶控制的底层，要求具有较高的精度和较低的智能，它按控制论进行控制，对相关过程执行适当的控制作用。

递阶智能控制系统遵循提高精度而降低智能（IPDI）的原则。概率模型用于表示组织级推理、规划和决策的不确定性、指定协调级的任务以及执行级的控制作用。采用熵来度量智能机器执行各种指令的效果，并采用熵进行最优决策。

本方法为使自主智能控制系统适应现代工业、空间探索、核处理和医学等领域的需要提供了一个有效途径。图 7-2 表示具有视觉反馈的 PUMA 600 机械手的智能系统分级结构图。

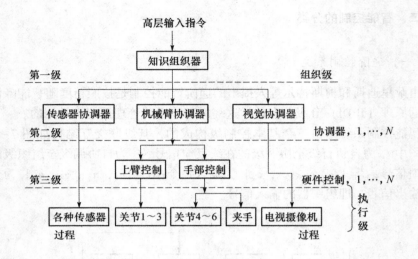

图7-2　具有视觉反馈的机械手递阶控制结构

（二）模糊控制系统

模糊控制是一类应用模糊集合理论的控制方法。模糊控制的有效性可从两个方面来考虑。一方面，模糊控制提供一种实现基于知识（基于规则）的甚至语言描述的控制规律的新机理。另一方面，模糊控制提供了一种改进非线性控制器的替代方法，这些非线性控制器一般用于控制含有不确定性和难以用传统非线性控制理论处理的装置。

模糊控制系统的基本结构如图7-3所示。其中，模糊控制器由模糊化接口、知识库、推理机和模糊判决接口4个基本单元组成。

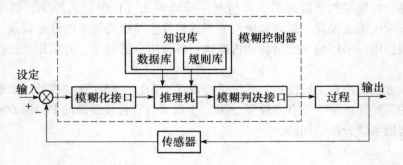

图7-3　模糊控制系统的基本结构

1. 模糊化接口

测量输入变量（设定输入）和受控系统的输出变量，并把它们映射到一个合适的响应论域的量程，然后，精确地输入数据被变换为适当的语言值或模糊集合的标识符。本单元可视为模糊集合的标记。

2. 知识库

涉及应用领域和控制目标的相关知识，它由数据库和语言（模糊）控制规则库组成，数据库为语言控制规则的论域离散化和隶属函数提供必要的定义、语言控制规则标记控制目。标和领域专家的控制策略。

3. 推理机

推理机是模糊控制系统的核心，以模糊概念为基础，模糊控制信息可通过模糊蕴涵和模糊逻辑的推理规则来获取，并可实现拟人决策过程，根据模糊输入和模糊控制规则、模糊推理求解模糊关系方程，获得模糊输出。

4. 模糊判决接口

起到模糊控制的推断作用，并产生一个精确的或非模糊的控制作用；此精确控制作用必须进行逆定标（输出定标），这一作用是在对受控过程进行控制之前通过量程变换来实现的。

（三）学习控制系统

学习控制系统是智能控制最早的研究领域之一。在过去十多年中，学习控制用于动态系统（如机器人操作控制和飞行器制导等）的研究，已成为日益重要的研究课题。已经研究并提出许多学习控制方案和方法，并获得更好的控制效果。这些控制方案包括：

（1）基于模式识别的学习控制；

（2）反复学习控制；

（3）重复学习控制；

（4）连接主义学习控制，包括再励（强化）学习控制；

（5）基于规则的学习控制，包括模糊学习控制；

（6）拟人自学习控制；

（7）状态学习控制。

学习控制具有 4 个主要功能：搜索、识别、记忆和推理。在学习控制系统的研制初期，对搜索和识别的研究较多，而对记忆和推理的研究比较薄弱。学习控制系统分为两类，即在线学习控制系统和离线学习控制系统，分别如图 7-4（a）和图 7-4（b）所示。图中，R 代表参考输入；Y 为输出响应；u 为控制作用；S 为转换开关。当开关接通时，该系统处于离线学习状态。

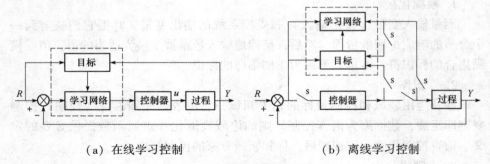

（a）在线学习控制   （b）离线学习控制

图7-4　学习控制系统原理图

离线学习控制系统应用比较广泛，而在线学习控制系统则主要用于比较复杂的随机环境。在线学习控制系统需要高速和大容量计算机，而且处理信号需要花费较长时间。在许多情况下，这两种方法互相结合。首先，无论什么时候只要可能，先验经验总是通过离线方法获取，然后再在运行中进行在线学习控制。

（四）神经控制系统

基于人工神经网络的控制，简称神经控制（neurocontrol）或 NN 控制，是智能控制的一个新的研究方向，可能成为智能控制的"后起之秀"。

神经控制是个很有希望的研究方向。这不但是由于神经网络技术和计算机技术的发展为神经控制提供了技术基础，而且还由于神经网络具有一些适合于控制的特性和能力。这些特性和能力包括：

（1）神经网络对信息的并行处理能力和快速性，适于实时控制和动力学控制。

（2）神经网络的本质非线性特性，为非线性控制带来新的希望。

（3）神经网络可通过训练获得学习能力，能够解决那些用数学模型或规则描述难以处理或无法处理的控制过程。

（4）神经网络具有很强的自适应能力和信息综合能力，因而能够同时处理大量的不同类型的控制输入，解决输入信息之间的互补性和冗余性问题，实现信息融合处理。这特别适用于复杂系统、大系统和多变量系统的控制。

当然，神经控制的研究还有大量的有待解决的问题。神经网络自身存在的问题，也必然会影响到神经控制器的性能。现在，神经控制的硬件实现问题尚未真正解决；对实用神经控制系统的研究，也有待继续开展与加强。

由于分类方法的不同，神经控制器的结构自然有所不同。已经提出的神经控制的结构方案很多，包括 NN 学习控制、NN 直接逆控制、NN 自适应控制、NN 内模控制、NN 预测控制、NN 最优决策控制、NN 强化控制、CMAC 控制、分级 NN 控制和多层 NN 控制等。

当受控系统的动力学特性是未知的或仅部分已知时，必须设法摸索系统的规律性，以便对系统进行有效的控制。基于规则的专家系统或模糊控制能够实现这种控制。监督（即有导师）学习神经网络控制（Supervised Neural Control，SNC）为另一实现途径。

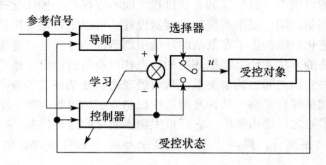

图 7-5　监督式学习 NN 控制器的结构

图 7-5 表示监督式神经控制器的结构。图中，含有一个导师和一个可训练控制器。实现 SNC 步骤如下：

（1）通过传感器及传感信息处理获取必要的和有用的控制信息。

（2）构造神经网络，包括选择合适的神经网络类型、结构参数和学习算法等。

（3）训练 SNC，实现从输入到输出的映射，以产生正确的控制。在训练过程中，作为导师的可以是线性控制律，或是采用反馈线性化和解耦变换的非线性反馈，也可以是以人作为导师对 SNC 进行训练。

（五）进化控制系统

进化也是人们发现的蕴涵于自然界的一种适应机制，它较反馈而言，更着重于影响和改变控制生命特征的内在本质因素。通过反馈作用获得的性能提高，要由进化加以巩固。因此，两者都是存在于自然界中的"自然优化"方法，如何利用这两种方法的基本原理，并形成相应的技术应该是控制理论研究的重要内容。

进化与反馈作为自然界存在的两种基本调节机制，具有明显的互补性，其结合不仅是实践发展的需要，而且在技术实现上也是可行的。把进化思想与反馈控制理论相结合，产生了一种新的智能控制方法——进化控制。

进化控制在对待机器智能的问题上较现有智能控制方法实现了认识与思考方法上的飞跃。传统意义上的机器智能是人赋予的，这里体现的智能应归功于设计者。进化控制则不然，它的目标是要探索导致自主智能产生的机制和本质过程及其作用机制——一种真正意义上的智能控制。在进化控制中，进化思想的实现手段——进化计算，已不局限于作为一种寻找次优解的工具，而且成为一种探索自适应性原理和开发智能系统的方法。进化过程被视为对未知环境的一种创造性的自组织、自适应的发展过程，而不仅仅是一种优化技术。

将进化控制应用于复杂系统的控制器设计，可以很好地解决其学习与适应能力问题。进化机制提供了在复杂的环境中创造性地寻找具有竞争力的优化结构和控制策略的方法，使之根据环境的特点和自身的目标自主地产生各种行为能力，并调整它们之间的约束关系，从而展现适应复杂环境的自主性。

进化控制是综合考察了几种典型智能控制方法的思想起源、组成结构、实现方法和技术等之后提出来的，它模拟生物界演化的进化机制，将进化思想与反馈控制理论相结合，提高了系统在复杂环境下的自主性、创造性和学习能力。

三、智能控制的基本特征

智能控制的产生来源于被控系统的高度复杂性、高度不确定性及人们要求越来越高的控制性能，可以概括为：智能控制是"三高三性"的产物。它的创立和发展需要对当代多种前沿学科、多种先进技术和多种科学方法，加以高度综合和利用。因此，智能控制无疑是控制理论发展的高级阶段。

（一）一般特点

智能控制具有下列一般的特点：

（1）智能控制适用于不确定的或难定义的过程控制、复杂的非线性被控对象控制、随时间变化的过程控制等。

（2）智能控制利用自适应、自组织、（自）学习等方式来提高系统的自动化和智能化控制。

（3）智能控制能综合交叉各种技术，使得智能控制系统和智能控制器设计形式日益多样化，智能控制技术应用范围日益广泛化。单纯的技术难以实现智能模拟，而多项技术的结合有利于智能模拟单纯的控制方式使系统缺少智能，而综合自适应、自组织、（自）学习及其他技术的控制可以提高系统的控制智能。目前，基于各种技术的智能控制系统和智能控制器的设计被广泛研究。

（4）智能控制可以像传统控制理论分析系统的动态性一样，描述系统的稳定性、系统的能控和能观性、系统的最优控制（即熵函数和能量函数的描述）、系统的复杂性等。与传统控制理论不同的是智能控制对复杂知识系统的有关理论分析的描述目前还缺少统一的标准，但结合具体技术的理论和实验分析已有文献报道。

（二）典型特征

目前实现智能控制常用的技术有：模糊逻辑、专家系统、神经网络、遗传算法及它们的混合技术等。从这些技术中，可以总结它们各自的特点如下：

（1）专家系统利用专家知识对专门的或困难的问题进行描述。用专家系统所构成的专家控制，无论是专家控制系统还是专家控制器，其相对工程费用较高，而且还涉及自动地获取知识困难、无自学能力、知识太狭窄等问题。尽管专家系统在解决复杂的高级推理中获得较为成功的应用，但是专家控制的实际应用相对还是比较少。

（2）模糊逻辑作为模糊语言描述系统，既可以描述应用系统的定量模型，也可以描述其定性模型。专家系统、神经网络、遗传算法只能用于描述应用系统的定量模型。模糊逻辑可适用于任意复杂的对象控制。但在实际应用中模糊逻辑实现简单的应用控制比较容易。简单控制是指单输入单输出系统（SISO）或多输入单输出系统（MISO）的控制。因为随着输入输出变量的增加，模糊逻辑的推理将变得非常复杂。

（3）遗传算法作为一种非确定的拟自然随机优化工具具有并行计算、快速寻找全局最优解等特点。它可以和其他技术混合使用，用于智能控制的参数、结构或环境的最优控制。

（4）神经网络利用大量的神经元按一定的拓扑结构和学习调整方法能表示出丰富的特性，如并行计算、分布存储、可变结构、高度容错、非线性运算、自我组织、学习/自学习等。这些特性是人们长期追求和期望的系统特性。神经网络在智能控制的参数、结构或环境的自适应、自组织、自学习等控制方面具有独特的能力。神经网络可以和模糊逻辑一样适用于任意复杂的对象控制，但与模糊逻辑不同的是擅长单输入多输出系统（SIMO）和多输入多输出系统（MIMO）的多变量控制。在模糊逻辑表示的 SIMO 系统和 MIMO 系统中，其模糊推理、解模糊过程以及学习控制等功能常用神经网络来实现。

（5）模糊逻辑和神经网络作为智能控制的主要技术已被广泛应用，两者既有相同性又有不同性。其相同性为：两者都可作为智能逼近器解决非线性问题，并且都可以应用到控制器设计。不同的是：模糊逻辑可以利用语言信息描述系统，而神经网络则不行；模糊逻辑应用到控制器设计，其参数定义有明确的物理意义，因而可提出有效的初始参数选择方法，神经网络的初始参数（如权值等）只能随机选择。但在学习方式上，神经网络经过各种训练，其参数设置可以满足控制所需的行为。模糊逻辑和神经网络都是模仿人类大脑的运行机制，可以认为神经网络技术模仿人类大脑的硬件，模糊逻辑技术模仿人类大脑的软件。由于模糊逻辑和神经网络的各自特点，目前两者结合的技术有模糊神经网络技术和神经模糊逻辑技术。模糊逻辑、神经网络和它们的混合技术适用于各种学习方式。

总之智能控制作为一门新兴的学科，在理论上还不很成熟。一方面人们在探索用各种技术实现智能控制的各种设计方法，一方面人们需要研究实现智能控制过程中所存在这样或那样的问题，还需要不断地解决和完善。目前，复杂的智能控制系统或大规模的智能控制系统很大程度上还受到人工智能技术和计算机技术的制约。另外，由于各种技术的结合及综合交叉结合使得智能控制系统和智能控制器的设计形式呈现丰富多彩的局面，发展有关理论来评价智能控制系统或智能控制器是非常必要的，例如计算复杂度、精度分析、收敛性和稳定性、优化分析、最佳控制方案选择等。要使智能控制从理论到实际有很大的进展，就必须发展相关技术，以适应智能控制的需求。

第二节　机器人模糊控制

一、模糊控制概述

（一）模糊控制的理论基础

模糊控制是近代控制理论中建立在模糊集合论基础上的一种基于语言规则与模糊推理的控制理论，它是智能控制的一个重要分支。

20 世纪中叶以来，在科学技术与工业生产的发展过程中，自动控制理论与技术的发展发挥了巨大的作用，并取得了令人满意的控制效果，是现代高新技术的重要手段之一。

常规控制的基本特点是：对于控制器的设计，都要建立在被控对象的精确数学模型基础上，但是，在许多情况下，被控对象（或生产过程）的精确数学模型很难建立。例如，有些对象难以用一般的物理和化学方面的规律来描述；有的影响因素很多，而且相互之间又有交叉耦合，使其模型十分复杂。在这些模型方程中，含有众多的参数需要估计，求解这些参数却往往缺少足够的信息量与信息特征；简化后的数学模型不能准确地说明原来的系统，以致于没有实用价值；还有一些生产过程缺乏适当的测试手段，或者测试装置不能进入被测试区域，致使无法建立过程的数学模型。而且，随着科学技术的迅猛发展，目前研究的控制系统更多地涉及多变量、非线性、时变的大系统，建立数学模型是非常困难的，或者是根本不可能的，系统的复杂性与控制技术的精确性形成了尖锐的矛盾，传统的控制理论和技术面临着新的控制要求的挑战。正如 L. A. Zadeh 指出的：当系统日益复杂，人们对它的精密而有意义的描述的能力将相应地降低，以至达到精密与有意义几乎相互排斥的地步。要想精确地描述复杂现象和系统的任何现实的物理状态，事实上是办不到的。虽然常规自适应控制技术可以解决一些问题，但范围依然有限。上述情况迫使人们在控制系统的精确性与有意义之间寻求某种平衡和折中，而使问题的描述具有实际意义。

另一方面，人们注意到，对于很多复杂的、多因素影响的生产过程，即使不知道该过程的数学模型，有经验的操作人员也能够根据长期的实践观察和操作经验进行有效的控制，而采用传统的自动控制方法效果并不理想。人的经验参与控制过程的成功，激发了人们对控制原理的深入研究。这种原理是以能包含人类思维的控制方案为基础，能反映控制过程中人类的经验知识，并能用某种形式将可达到的控制目的表达出来，同时还容易实现为目标而设计的。这样的控制系统既避免了那种精密、反复、有错误倾向的模型建造过程，又避免了精密地估计模型方程中各种参数的过程。在多变量、非线性、时变的大系统中，人们可以采用简单灵活的控制方式，于是就产生了一个问题：能否把人的操作经验总结为若干条控制规则，并设计一个装置去执行这些规则，从而对系统进行有效的控制？模糊控制理论与技术由此应运而生，这就是模糊控制产生的背景。

模糊控制最重要的特征是反映人们的经验以及人们的常识推理规则，而这些经验与常识推理规则是通过语言来表达的。比如说"温度太高，温度上升的速度也很快，则大幅度降温"。对于用语言表达的这种经验，必须给出一种描述的方式，而且这种经验是多种多样的。比如，还可以有经验规则"温度稍低，升温的速度很快，则稍微降温控制"。模糊控制规则综合考虑众多的控制策略，是一种常识推理规则。

当然，由于对系统缺乏了解，一开始控制效果可能并不好，但经过若干次探索后终归能实现预期的理想控制。这说明传统控制理论必须向前发展，而人工智能、模糊控制就是在这种背景下产生并发展起来的：也就是说，控制问题在经历了人工控制、经典控制理论和现代控制理论阶段之后，由于它们面临着一系列无法解决的问题，又要重新研究人工控制行为的特点，以便从人工控制中得到新的启发。

经典控制理论主要解决线性系统的控制问题，现代控制理论可以解决多输入与多输出的问题，系统既可以是线性的、定常的，也可以是非线性的、时变的；而对于那些数学方程很难提出但人们都有丰富控制经验的实际课题，模糊控制技术发挥了奇特的优势。特别是近几年来，模糊控制技术取得了迅速发展。可以预料，在传统控制的难题中，有一批难题可以应用模糊控制技术或者用传统控制技术与模糊控制技术相结合的方法来加以解决。

模糊理论与应用的研究以及模糊产品的开发像一股强劲的风浪席卷世界各地。1989 年，模糊理论的创始人 L. A. Zadeh 指出：模糊理论是对"彻底排除不明确事物只以明确事物为对象"的科学界传统所做的挑战。这种理论对于如何处理与对待不明确事物，所依据的思路与过去的科学实质上完全不同。他认为模糊理论今后将在两个领域取得较大进展：一是熟练技术者替代系统，这种系统将人无意识进行的操作由机器替代，如日本仙台市地铁的自动驾驶系统；二是替代专家的专家系统。为使专家头脑中所进行的思考与决策能实现自动化，模糊理论将起重要的作用。当然，模糊理论并不能解决所有可能性问题，但是，只要不回避现实中的不确定事物，并加以认真对待，就有可能大大地提高在不确定（模糊）环境中进行智慧思考与决策的人及机器的能力。

L. A. Zadeh 教授提出的模糊集合论，其核心是对复杂的系统或过程建立一种语言分析的数学模式，使自然语言能直接转化为计算机所能接受的算法语言。模糊集合理论的诞生为处理客观世界中存在的一类模糊性问题提供了有力的工具，同时，也适应了自适应科学发展的迫切需要。

以模仿人类人工控制特点而提出的模糊控制虽然带有一定的主观性和模糊性，但往往是简单易行，而且是行之有效的。模糊控制的任务正是要用计算机来模拟这种人的思维和决策方式，对这些复杂的生产过程进行控制和操作。

从以上背景可以看出，模糊控制有以下的特点：

（1）模糊工程的计算方法虽然是运用模糊集理论进行的模糊算法，但最后得到的控制规律是确定性的、定量的条件语句。

（2）不需要根据机理与分析建立被控对象的数学模型，对于某些系统，要建立数学模型是很困难的，甚至是不可能的。

（3）与传统的控制方法相比，模糊控制系统依赖于行为规则库，由于是用自然语言表达的规则，更接近于人的思维方法和推理习惯，因此，便于现场操作人员的理解和使用，便于人机对话，以得到更有效的控制规律。

（4）模糊控制与计算机密切相关。从控制角度看，它实际上是一个由很多条件语句组成的软件控制器。目前，模糊控制还是应用二值逻辑的计算机来实现，模糊规律经过运算，最后还是进行确定性的控制。模糊推理硬件的研制与模糊计算机的开发，使得计算机将像人脑那样随心所欲地处理模棱两可的信息，协助人们决策和进行信息处理。

（二）清晰值与模糊值

语句里提到的所有值都称为清晰值。清晰值是具有明确定义且只有一种解释的值。清晰值在任何系统中都是一样的，它是有明确定义且可测量的值。它也称为单值，以区别用一个模糊值定义的一组值。相比之下，模糊值不清晰，根据环境的不同，它可能有多种不同的解释。

二、模糊化

模糊化是将输入值和输出值转换为其隶属度函数的过程。模糊化的结果是一组图或方程，它们用来描述不同模糊变量中不同值的隶属度。

在对变量进行模糊化处理时，首先将它可能取值的范围划分成若干集合，每个集合描述了该范围的一个特定部分。其次，每个特定部分的范围都由方程或图形来表示，它们用来描述每个值属于该范围的真值度或隶属度。集合的个数、每个集合代表的范围及表示的类型都是任意的，它们取决于系统设计师的选择。正如后面将看到的，在对系统进行仿真和分析时，这些都是可以修改和改进的。

每个集合都有许多可用的表示方法。如果要创建自己的模糊系统，可使用合适的任何一种表示方法。然而，当使用商业系统时，可用的表示方法将受到限制。以下是常见的隶属度函数：

（一）高斯隶属度函数

如图7-6所示，这是表示一个分布得很自然的方式。一般地，很多数学运算需要使用高斯分布，因此，正如下面将要看到的，将高斯函数改成简单形式更容易应用。

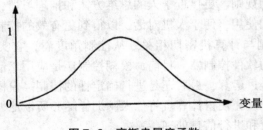

图 7-6　高斯隶属度函数

（二）梯形隶属度函数

如图 7-7 所示，常见的梯形隶属度函数能用一个更简单的方法来表示高斯函数。这里，隶属度函数由三条简单的直线组成且只需四个点。每段是相邻两点之间的一条直线，因此变量中每个值的隶属度能很容易地从直线方程中计算出来。

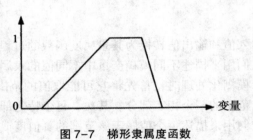

图 7-7　梯形隶属度函数

（三）三角形隶属度函数

它同样是能简化高斯函数的常见隶属度函数，且只需要三个点。如图 7-8 所示，每段是相邻两点之间的一条直线。变量中每个值的隶属度能很容易地从直线方程中计算出来。

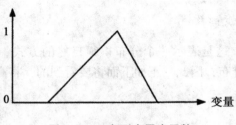

图 7-8　三角形隶属度函数

（四）Z形和S形隶属度函数

如图7-9描述的二阶函数可用于表示一个变量的上限和下限，其隶属度可与值的范围一样（0或1）。将梯形隶属度函数的左边或右边换成垂直边后可用作Z形和S形隶属度函数的简化模型。也可使用其他函数来作为隶属度函数，例如π型函数、两个S形函数的乘积及两个S形函数的差等。

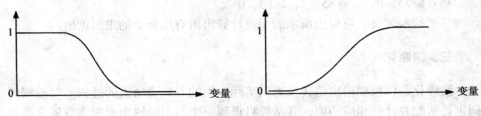

图7-9　Z形和S形隶属度函数

为了了解如何使用这些隶属度函数，可考虑这样一个系统，其温度是变量且变化范围在60°F到100°F之间。以温度为例，为了定义模糊温度变量，将期望的温度范围分成几个集合。为把问题阐述清楚，在设定的温度范围用三角形和梯形函数来定义集合："很热""热""暖"和"冷"，如图7-10所示。

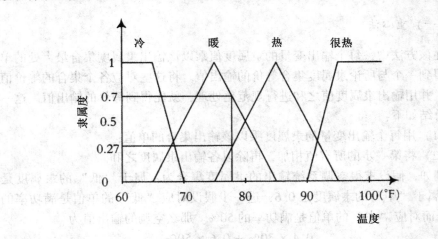

图7-10　三角形和梯形函数定义的温度集合

每个集合包含一个温度范围，任何温度，譬如78°F，在不同集合中都有相应的隶属度值。在本例中，78°F在"热"中的隶属度值为0.27，在"暖"中的值为0.7。显然，函数、范围及集合数的选择取决于我们自己，但可以根据需求进行修改。例如，图7-10所示是我们做出的选择，其中两个集合之间存在间隙，使得某些温度值只能属于一个集合。为此，可改变集合的范围以缩小缝隙来改进系统的响应。

以这种方式建模的隶属度函数很容易用公式来表示。根据每条直线的两个端点，就可以很容易确定直线段上所有点的隶属度值。例如可以用如下的有序排列来表示"很热"与"热"的隶属度函数：

很热：@90, 0,　　@95, 1, @100, 1

热：@75, 0,　　@85, 1, @95, 0

基于这些定义，可以由所示的端点计算出所有集合上的隶属度值。

三、清晰化

清晰化是将模糊输出值转换为供实际应用的等效清晰值的过程。对模糊规则进行匹配并计算相应的值，其结果将得到一个与不同输出模糊集隶属度值相关的数。例如，假设将空调系统的输出功率设置模糊化为"关""低""中"和"高"，规则库匹配结果可能是：25%隶属于"低"，75%隶属于"中"。清晰化则是将这些值转化成单一数值的过程，该数值将送给空调控制系统。

有很多种不同的清晰化方法。这里介绍两种常用的方法：重心法和Mamdani 推理法。

（一）重心法

在该方法中，每个输出变量的隶属度值乘以该输出隶属度集合最大处的单值，得到一个与所论隶属度集合等价的输出值。将这些对应各个集合的等价值相加，并用输出隶属度值之和进行规范化处理，就能得到等价的输出值。这一方法总结如下：

（1）用每个输出变量的隶属度乘以该输出集合的单值；

（2）将第一步的所有值相加，再除以各输出隶属度之和。

例如，假设求得空调系统输出的隶属度集合为：属于"低"的隶属度是0.4，属于"中"的隶属度是0.6，进一步假设对应"低"的单值是满功率的30%，而对应"中"的单值是满功率的50%。那么空调的输出值为

$$输出 = \frac{0.4 \times 30\% + 0.6 \times 50\%}{0.4 + 0.6} = 42\%$$

（二）Mamdani 推理法

在该方法中，每个集合的隶属度函数如图 7-11 所示，在相应的隶属度值上被截去顶端，并将得到的所有隶属度函数作为"or"函数加在一起。这就意

味每个互相重叠在一起的重复区域只作为一层看待，其结果将是一个代表所有区域的新区域。新区域的重心将等价于输出。

Mamdani 法总结如下：

（1）每个输出隶属度函数在相应的隶属度值处截去顶端，该隶属度值是根据规则库求得的；

（2）用"or"函数将截取后剩余的隶属度函数相加，合并为一个描述输出的新区域；

（3）计算合并区域的重心，得到清晰的输出值。

通过模糊化、规则库的应用及清晰化过程计算输出值，并将它作为系统的输出。下面这个例子可用来说明计算输出值的步骤。

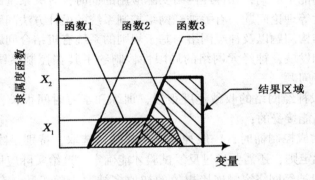

图 7-11　集合的隶属度函数

第三节　机器人神经网络控制

一、神经网络控制概述

（一）神经网络控制的含义与特点

神经网络控制是只在控制系统中采用神经网络这一工具对难以精确描述的复杂的非线性对象进行建模，或充当控制器、优化计算、进行推理，或故障诊断等，以及同时兼有上述某些功能的适应组合，这样的系统称为基于神经网络的控制系统，这种控制方式称为神经网络控制。神经网络控制具有智能控制的一些基本特征，是智能控制的一个重要分支，在复杂系统的控制方面具有明显的优势，神经网络控制和辨识的研究已经成为智能控制研究的主流。

基于神经网络的智能控制系统也称基于连接机制的智能控制系统。由于神经网络具有一定的自学习、自适应和非线性映射能力和容错性，神经网络越来越多地应用于控制领域的各个方面，它较好地解决了具有不确定性、严重非线性、时变和滞后的复杂系统的建模和控制问题。从应用对象来看，包括过程控制、机器人控制、生产制造系统、航空及航天应用控制、模式识别以及决策支持等。从神经网络在控制系统的作用和功能来看，包括函数逼近、模拟动态系统的输入输出行为、开环或者闭环控制器（如网络作为一般控制系统的补偿环节）、系统辨识和逆控制、自适应控制器、模糊控制器等。

但是，不能不看到，在神经网络实际应用的同时，有关系统的稳定性、能控性、能观性等理论问题，有关神经网络控制系统的设计方法问题，有关神经网络的拓扑结构问题以及神经网络与基于规则的系统有机结合问题，还有待于进一步研究和发展，神经元网络的局限性，制约了其在控制系统中的广泛应用，包括以下问题：

（1）一般神经网络的收敛速度很慢，训练和学习时间很长，这是大多数控制系统所不能接受的；

（2）在构成控制器时，一般神经网络的结构选取，特别是隐含层单元个数的选取尚无定则，还需要通过反复试验才能确定，这给实际应用带来困难；

（3）一般神经网络突触连接权值的初值多被取为随机数，存在陷入局部极小值的可能，使控制性能难以达到预期的效果；特别是由于连接权值的随机性，很难保证控制系统初始运行的稳定性，而如果控制系统初始运行不稳定，则失去了应用的基础；

（4）传统神经网络的结构、参数和机能，难以与控制系统所要求的响应快、超调小、无静差等动态和静态性能指标相联系；

（5）传统神经网络在构成控制器时，为了满足系统性能要求，大量增加隐含层神经元个数，网络的计算量很大，使在当前的技术水平下很难保证控制的实时性；

（6）具有任意函数逼近能力的多层前馈神经网络是应用最多的一种神经元网络，但传统的多层前馈神经网络的神经元仅具有静态输入-输出特性，在用它构成控制系统时必须附加其他动态部件。

（二）神经网络控制系统的基本原理

控制系统的目的在于通过确定适当的控制量输入，使系统获得期望的输出特性。图 7-12 （a） 给出了一般反馈控制系统的原理图，图 7-12 （b） 采用神经网络替代图 7-12 （a） 中的控制器。为了完成同样的控制任务，下面分析神经网络的工作过程。

设被控对象的输入 u 和系统输出 y 之间满足如下非线性函数关系

$$y = g(u) \tag{7-1}$$

控制的目的是确定最佳的控制量输入 u，使系统的实际输出 y 满足期望的输出 y_d。在该系统中，可把神经网络的功能看作输入–输出的某种映射，或函数变换，并设其函数关系为

$$u = f(y_d) \tag{7-2}$$

为了使系统输出 y 等于期望输出 y_d，将式 （7-2） 代入式 （7-1） 中，可得到

$$y = g[f(y_d)] \tag{7-3}$$

显然，当 $f(\cdot) = g^{-1}(\cdot)$ 时，满足 $y = y_d$ 的要求。

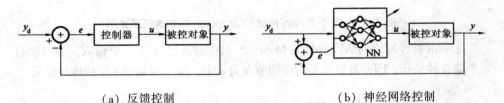

（a） 反馈控制　　　　　　　　　　　（b） 神经网络控制

图 7-12　反馈控制与神经网络控制原理图

由于采用神经网络控制的被控对象一般是复杂的且多具有不确定性，因此非线性函数 $g(\cdot)$ 难以建立，可以利用神经网络具有逼近非线性函数的能力来模拟 $g^{-1}(\cdot)$。尽管 $g(\cdot)$ 的形式未知，但通过系统的实际输出与期望输出之间的误差来调整神经网络中的突触权值，即让神经网络学习，直至误差 $e = y_d - y = 0$ 的过程，就是神经网络模拟 $g^{-1}(\cdot)$ 的过程。它实际上是对被控对象的一种逆模型辨识，由神经网络的学习算法实现这一求逆过程，就是神经网络实现直接控制的基本思想。

二、基于递归神经网络辨识的 PID 控制系统

（一）基于 Elman 神经网络的系统辨识

在图 7-13 中，描述了一种基于递归网络辨识的神经网络控制系统，其中 Elman 网络作为辨识器，与被控对象构成串并联形式的辨识结构，完成对被控对象的 Jacobian 信息辨识。

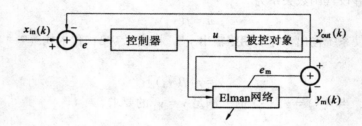

图 7-13　基于 Elman 网络的 Jacobian 信息辨识原理图

Elman 神经网络的结构如图 7-14 所示。其中输入层具有 m 个输入，隐含层有 q 个隐含神经元，因而背景单元的反馈节点为 q 个，输出层采用 1 个线性神经元。

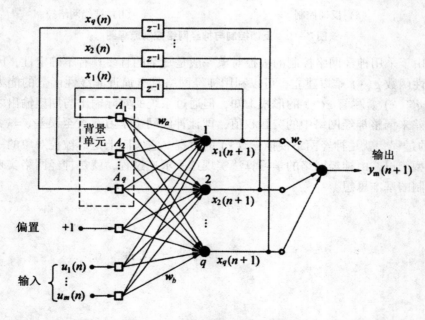

图 7-14　具有 m 个输入、q 个隐含神经元和 1 个输出神经元的 Elman 网络

1. 函数信号与误差信号的计算

（1）网络输入层节点的输入输出为

$$\begin{cases} I_i^0(n) = u_i(n) \\ O_i^0(n) = u_i(n) \end{cases} \quad i = 0, 1, 2, \cdots, m \tag{7-4}$$

式中，m 为输入节点的个数，其取值取决于被控系统的复杂程度。

在这个范例中，取 $m = 2$，输入变量分别为

$$\begin{cases} u_0(n) = +1 \\ u_1(n) = u(n-1) \\ u_2(n) = y_{out}(n) \end{cases} \tag{7-5}$$

式中，$u(n-1)$ 和 y_{out} 分别为控制信号和实际输出（注：控制信号作为第一个输入信号）

（2）背景单元中反馈节点的输入输出为

$$\begin{cases} I_i^0(n) = O_i^1(n-1) \\ O_i^0(n) = O_i^1(n-1) \end{cases} \quad i = 1, 2, \cdots, q \tag{7-6}$$

（3）网络隐含层的诱导局部域和输出分别为

$$v_j^1(n) = \sum_{i=0}^{m} w_{b,ji}^1(n) O_i^0(n) + \sum_{i=1}^{q} w_{a,ji}^1(n) O_i^1(n-1) \tag{7-7}$$

$$O_j^1(n) = \varphi(v_j^1(n)) \quad j = 1, 2, \cdots, q \tag{7-8}$$

式中，$w_{a,ji}^1$ 为背景单元的反馈节点连接至隐含神经元的突触权值；$w_{b,ji}^1$ 为外界输入节点连接至隐含神经元的突触权值，$w_{b,j0}^1$ 表示神经元 j 的偏置；q 为隐含神经元的节点数，本例 $q = 7$。

隐含神经元的激活函数取正负对称的 Sigmoid 函数——双曲正切函数

$$\varphi(x) = \tanh x \frac{\exp(x) - \exp(-x)}{\exp(x) + \exp(-x)} \tag{7-9}$$

（4）网络输出神经元的诱导局部域和输出为

$$O^2(n) = v^2(n) = \sum_{j=1}^{q} w_j^2(n) O_j^1(n) + b \tag{7-10}$$

$$y_m = O^2(n) \tag{7-11}$$

式中，b 为偏置信号。

2. 网络训练法

采用 BP 学习法，对网络的突触权值进行迭代修正，并附加一个使搜索快速收敛全局极小的动量项，定义系统的代价函数为

$$\varepsilon(n) = \frac{1}{2} e_m^2(n) \tag{7-12}$$

其中，辨识误差为

$$e_{\mathrm{m}}(n) = y_{\mathrm{out}}(n) - y_{\mathrm{m}}(n) \tag{7-13}$$

则隐含层至输出层的权值调整为

$$w_j^2(n) = -\eta \frac{\partial \varepsilon(n)}{\partial w_j^2(n)} + \alpha \Delta w_j^2(n-1) = \eta e_{\mathrm{m}}(n) O_j^1(n) + \alpha \Delta w_j^2(n-1) \tag{7-14}$$

式中，η 是学习率；α 是动量因子；$j = 1, 2, \cdots, q$。

同理，可得到隐含神经元的突触权值学习算法

$$\Delta w_{a,\,ji}^1(n) = \eta \delta_j^1(n) O_i^1(n-1) + \alpha \Delta w_{a,\,ji}^1(n-1) \quad i, j = 1, 2, \cdots, q \tag{7-15}$$

$$\Delta w_{b,\,ji}^1(n) = \eta \delta_j^1(n) u_i(n) + \alpha \Delta w_{b,\,ji}^1(n-1) \qquad j = 1, 2, \cdots, q, \\ i = 0, 1, \cdots, m \tag{7-16}$$

其中，神经元 j 的局域梯度 $\delta_j^1(n)$ 为

$$\delta_j^1(n) = \varphi'(v_j^1(n))(e_{\mathrm{m}}(n) w_j^2(n)) \tag{7-17}$$

控制对象的 Jacobian 信息 $\dfrac{\partial y_{\mathrm{out}}}{\partial u}$ 为

$$\frac{\partial y_{\mathrm{out}}}{\partial u} \approx \frac{\partial y_{\mathrm{m}}}{\partial u} = \frac{\partial y_{\mathrm{m}}}{\partial O_j^1} \frac{\partial O_j^1}{\partial v_i^1} \frac{\partial v_j^1}{\partial u} = \sum_{j=1}^q w_j^2 \varphi'(v_j^1) w_{b,\,j1}^1 \tag{7-18}$$

式中

$$\varphi'(x) = \frac{-4}{(\exp(x) + \exp(-x))^2}$$

（二）基于 Elman 神经网络辨识的 PID 控制系统

为对 Elman 网络的辨识性能进行验证，我们设计一个控制器，并分别考虑两种情况，一种情况是在控制计算中不利用 Elman 网络的 Jacobian 辨识信息，另一种情况是在控制计算中利用式（7-18）的辨识信息。在这两种情况下，分别对相同的输入给出位置跟踪结果，以验证系统辨识的效果。

对控制器采用增量式 PID 控制，由单神经元网络实现，k_{p}，k_{i}，k_{d} 三个参数分别为神经元的突触权值，在线进行调整。

PID 控制器的控制误差为

$$e(n) = x_{\mathrm{in}}(n) - y_{\mathrm{out}}(n) \tag{7-19}$$

PID 控制器的输入分别为

$$x_{\mathrm{p}}(n) = e(n) - e(n-1) \tag{7-20}$$

$$x_i(n) = e(n) \tag{7-21}$$

$$x_d(n) = e(n) - 2e(n-1) + e(n-2) \tag{7-22}$$

则得到的控制律为

$$u(n) = u(n-1) + \Delta u(n) \tag{7-23}$$

$$\Delta u(n) = k_p x_p(n) + k_i x_i(n) + k_d x_d(n) \tag{7-24}$$

设 PID 控制器的代价函数为

$$\varepsilon(n) = \frac{1}{2} e^2(n) \tag{7-25}$$

采用梯度下降法调整单神经元网络的权值，即 k_p，k_i，k_d

$$\Delta k_p(n) = -\eta \frac{\partial \varepsilon(n)}{\partial k_p(n)} = -\eta \frac{\partial \varepsilon(n)}{\partial y_{out}(n)} \frac{\partial y_{out}(n)}{\partial u(n)} \frac{\partial u(n)}{\partial k_p(n)} = \eta e(n) \frac{\partial y_{out}(n)}{\partial u(n)} x_p(n) \tag{7-26}$$

$$\Delta k_i(n) = -\eta \frac{\partial \varepsilon(n)}{\partial k_i(n)} = -\eta \frac{\partial \varepsilon(n)}{\partial y_{out}(n)} \frac{\partial y_{out}(n)}{\partial u(n)} \frac{\partial u(n)}{\partial k_i(n)} = \eta e(n) \frac{\partial y_{out}(n)}{\partial u(n)} x_i(n) \tag{7-27}$$

$$\Delta k_d(n) = -\eta \frac{\partial \varepsilon(n)}{\partial k_d(n)} = -\eta \frac{\partial \varepsilon(n)}{\partial y_{out}(n)} \frac{\partial y_{out}(n)}{\partial u(n)} \frac{\partial u(n)}{\partial k_d(n)} = \eta e(n) \frac{\partial y_{out}(n)}{\partial u(n)} x_d(n) \tag{7-28}$$

式中，$\dfrac{\partial y_{out}(n)}{\partial u(n)}$ 为被控制对象的 Jacobian 信息，由式（7-18）的 Elman 神经网络辨识得到。

第四节　机器人智能控制技术的融合

一、模糊控制和变结构控制的融合

在模糊变结构控制器（FVSC）中，许多学者把变结构框架中的每个参数或是细节采用模糊系统来逼近或推理，仿真实验证明该方法比 PID 控制或滑模控制更有效。

在设计常规变结构控制律时，若函数系数取得很大，系统就会产生很多的抖振，如果用引入边界层方法消除抖振，就会产生很大的误差；若该系数取较小值，鲁棒性就会变差。因此，金耀初等人提出了通过引入模糊系统来动态预测和估计系统中不确定量的方法。模糊系统中的输入分为两种：一种为系统的综合偏差模糊值；另一种为偏差增量模糊值。它的输出是对上述函数中的系数进行模糊估值。仿真结果表明抖动现象得到了抑制。还有人在初始建模阶段采取模糊系统辨识，其后在变结构控制中对动力学模型进行自适应学习。在这种控制方案中，模糊控制和变结构控制之间的界限很清晰，从仿真结果看，控制性能也较好。

二、神经网络和变结构控制的融合

神经网络和变结构控制的融合一般称为 NNVSC。实现融合的途径一般是利用神经网络来近似模拟非线性系统的滑动运动，采用变结构的思想对神经网络的控制律进行增强鲁棒性的设计，这样就可避开学习达到一定的精度后神经网络收敛速度变慢的不利影响。经过仿真实验证明该方法有很好的控制效果。但是由于变结构控制的存在，系统会出现力矩抖振。

牛玉刚等人将变结构控制和神经网络的非线性映射能力相结合，提出了一种基于神经网络的机械手自适应滑模控制器。如果考虑利用滑模控制技术，需要知道系统的不确定性的上界，但在实际应用中，许多系统的不确定界却难以得到。因此利用神经网络估计系统的不确定性的未知界，克服了常规滑模控制需要已知不确定性界的限制，但是由于滑模控制的存在，就有抖动现象，为了消除抖动，可用 S 型函数代替符号函数。经过仿真实验，该控制器能够有效地补偿系统不确定性的影响，保证机器人系统对期望轨迹的快速跟踪。

三、模糊控制和神经网络控制的融合

模糊控制和神经网络控制的融合，一般称为模糊神经网络（fuzzified neural network）或神经网络模糊控制器（neuro-fuzzy controller）。

模糊系统和人工神经网络相结合实现对控制对象进行自动控制，是由美国学者 B. Kosko 首先提出的。模糊系统和神经网络都属于一种数值化和非数学模型函数估计器的信息处理方法，它们以一种不精确的方式处理不精确的信息。模糊控制引入了隶属度的概念，即规则数值化，从而可直接处理结构化知识；神经网络则需要大量的训练数据，通过自学习过程，借助并行分布结构来估计输入与输出间的映射关系。虽然模糊控制与神经网络处理模糊信息的方式不同，但仍可以将二者结合起来。利用模糊控制的思维推理功能来补充神经网络的神经元之间连接结构的相对任意性；以神经网络强有力的学习功能来对模糊控制的各有关环节进行训练。可利用神经网络在线学习模糊集的隶属度函数，实现其推理过程以及模糊决策等。在整个控制过程中，两种控制动态地发生作用，相互依赖。

王洪斌等人针对机器人逆运动学问题提出了基于模糊神经网络的解决方案。该方案对二自由度刚性机器人进行仿真实验，证明了其有效性和可行性。王耀南等人也介绍了模糊神经网络的应用。介绍了一种模糊神经网络控制与传统的 PD 控制相结合的机器人学习控制系统，该控制具有自学习、自适应、控制精度高等特点。

智能融合技术还包括基于遗传算法的模糊控制方法。遗传算法作为一种新的搜索算法，具有并行搜索、全局收敛等特性，将遗传算法应用于模糊控制中，可以解决一般模糊控制中隶属度函数及规则参数调节问题。这方面研究典型代表人物有 Karr、Homaifar、Ishibuchi 等人。也有基于遗传算法的人工神经网络学习算法，以及基于粗糙集理论进行 BP 网络设计的方法。在粗糙集改进 BP 网络的方法中，主要是应用粗糙集的理论和方法，从给定学习样本数据中发现一组规则，并根据这些规则去建立网络模型中相应的隐层节点，然后用 BP 算法迭代出网络的参数。和以前实验法选择隐层数量和隐层内神经元个数的方法相比，节约了计算时间，简化了选择的方法。

第八章　移动机器人控制技术

科学技术的发展，诞生了机器人。机器人的出现与发展，不仅使传统的工业生产发生了根本性变化，而且对人类社会生活产生了深远的影响。机器人技术综合了多学科的发展成果，代表了高技术的发展前沿。移动机器人是机器人技术的一个重要研究领域，也是机器人学的一个重要分支，其研究始于 20 世纪 60 年代。它是一个集环境感知、动态决策与规划、行为控制与执行等多种功能于一体的综合系统。随着机器人技术的不断发展，移动机器人的应用范围和功能都大为拓展和提高，不仅在工业、国防、服务等行业中得到广泛的应用，而且在野外作业以及在有害、危险环境作业中的应用也得到世界各国的高度重视。目前，由于移动机器人具有更大的使用灵活性已使其成为机器人技术研究的一个热点。

第一节　移动机器人概述

一、移动机器人的分类

移动机器人是机器人研究领域中的一个重要分支，是多学科相互交叉的研究领域，集人工智能、智能控制、信息处理、图像处理、检测与转换等专业技术为一体，跨计算机、自动控制、机械、电子等多学科，成为当前智能机器人研究的热点之一。

移动机器人可以从不同的角度进行分类。根据工作环境的不同可分为室内移动机器人和室外移动机器人；按移动方式的不同可分为轮式移动机器人、步行移动机器人、蛇形移动机器人、履带式移动机器人、爬行移动机器人等；按功能和用途的不同可分为服务型移动机器人、军用移动机器人、娱乐型移动机器人等；按作业空间的不同可分为陆地移动机器人、水下移动机器人、无人飞机和空间移动机器人。

（一）室外移动机器人

室外智能移动机器人又称自主陆地车辆（Autonomous Land Vehicle，ALV）或无人驾驶车辆与智能机器人（Unmanned Vehicle and Intelligent Robot）。由于室外移动机器人不但在军事上具有特殊的应用价值，而且在公路交通运输中有着广泛的应用前景，因此引起了世界各国的普遍重视。在这方面，美国、法国、德国、日本等国家走在世界的前列。20世纪80年代初期，在美国国防部高级研究计划局（DARPA）的资助下，卡内基·梅隆大学（CMU）、斯坦福大学（Stanford）和麻省理工学院（MIT）等著名大学开展了AIJV的研究，试图研制出在非结构化环境中能够自主移动的车辆。美国国家航空航天局（NASA）下属的喷气推进实验室（JPL）也开展了这方面的研究。中国从"八五"期间开始了类似研究，具有代表性的研究成果有由多所高校联合研制的军用室外移动机器人7B.8，其部分关键技术已达到国际先进水平；由清华大学开发的THMR-Ⅲ型、THMR-V型机器人，其行动决策与规划技术已达到国际先进水平。

根据室外智能移动机器人的应用领域及道路环境的不同，目前室外移动机器人的研究重点可分为两个方面：一是结构化道路（高速公路、高等级公路）上的车辆自主驾驶或辅助驾驶，其目标应用领域为民用运输部门或公路安全部门，代表成果有卡内基·梅隆大学的NavLab-5系统、德国联邦国防大学的VaMoRs.P系统、德国大众汽车公司的Caravelle系统；二是移动机器人在非结构化道路（一般道路、土路、校园网道路）上的机动性、灵活性与自然地理环境下的越野性，其目标应用领域主要是军事，代表成果有卡内基·梅隆大学的NavLab系统、斯坦福大学的Stanley系统等。我国的THMR-Ⅲ系统及THMR-V系统，均属于面向非结构化道路的智能移动机器人。

1. NavLab系统

美国卡内基·梅隆大学机器人研究所研制的NavLab系列机器人代表了室外移动机器人的发展方向，其典型代表有NavLab-1系统和NavLab-5系统。

NavLab-1系统问世于20世纪80年代，其计算机系统由Warp、Stm3、Sun4组成，它可完成图像处理、图像理解、传感器信息融合、路径规划和车体控制等任务。NavLab-1系统的传感器包括彩色摄像机、激光雷达、超声、陀螺、光码盘、全球卫星定位系统（GPS）等。它在卡内基·梅隆大学校园网道路上的实验速度为12km/h，在一般非结构化道路上的运行速度为10km/h，在典型结构化道路上的运行速度为28km/h，使用神经网络控制器ALVINN控制车体的最高速度为88km/h。此外，卡内基·梅隆大学还以吉普车为平台，开发出面向越野的系统NavLab-2（HMMWV）。

NavLab-5系统于1995年建成，车体采用Pontiac自动跑车。卡内基·梅隆大学与AssistWare技术公司合作开发了便携式高级导航支撑平台（Portable Advanced Navigation Support，PANS）。其传感器系统包括视觉传感器——SONY DXC-15IA彩色摄像机、差分GPS系统一套（差分模式下定位精度为2~5m）、光纤陀螺以及光电码盘。计算机系统包括一台SparcLx便携式工作站和一台HCI1微控制器。工作站用于完成传感器信息处理与融合、全局与局部路径规划；HCI1用于完成底层车体控制与安全监控。NavLab-5在试验场环境道路上自主驾驶的平均速度为88.5km/h。公路实验时首次进行了横穿美国大陆的长途自主驾驶试验，其自主驾驶的路程为4496km，占总路程的98.1%。尽管所行驶的道路绝大部分为高速公路，但仍有一部分路况复杂的市区公路以及路面条件较差的普通道路，同时还包括清晨、夜晚和暴雨等恶劣气候。虽然计算机仅控制方向，而节气门和制动由人工控制，但这个结果仍具有重要意义。

2. Stanley系统

Stanley自动跑车由美国斯坦福大学为参加2005年10月参加了DARPA挑战赛（无人驾驶车辆通过沙漠）而专门研制的。

Stanley是以大众途锐R5越野车为基础改制而成的，它装备了大量传感器。车顶行李架上安装有5个不同倾斜角度的激光测距仪，用于测量车辆前进方向25m范围内不同横断面的路况信息。车顶安装有稍微倾斜向下的彩色摄像机，用于测量车辆行驶前方较远距离道路的前方和斜下方的路况信息。车顶还有两个安装在激光测距仪阵列的两侧频率为24Hz的雷达探测仪，用于长距离大障碍物的检测，覆盖面积达200m，能测量大约20°方位的前方道路的行驶路况。该激光测距仪系统与摄像机、雷达系统组成了Stanley系统的环境感知系统，这套系统可以精确地确定车辆行驶时的位置，精度可以达到毫米级。也就是说，该系统可以告知未来的地形情况，以便让Stanley可以决定向哪里行驶，以及以什么速度行驶。

此外，Stanley拥有全球定位系统（GPS）、两个GPS罗盘以及惯性组合导航系统，它们共同组成了车体传感器系统，其主要职能是精确估计车辆的位置和速度。此外，在Stanley的车顶还装有一个由无线电天线和3个额外的GPS天线组成的DARPA的急停系统，该急停系统通过无线通信保证在车辆追逐的情况下，Stanley仍能安全紧急停车。车顶架还安装有信号喇叭、报警灯和两个手动急停按钮。

这些设备中的任何一个都可以实时地采集到大量数据，并传送到位于越野车底部的一个高性能计算机内。它由 7 个网络连接的 Intel 奔腾 M 型主板组成，每个都含有主频为 1.6GHz 的中央处理器（CPU），并运行 Linux 操作系统。这套计算机系统还采用了独一无二的软件系统，传感器的处理频率高达 100Hz，转向、加速或制动等输出控制频率高达 20Hz。经过严密的计算分析，它可以发出转向、加速或制动等操作指令。这些指令通过电传线控（drive-by-wire）系统被高速传给 Stanley 的电子执行机构，这样就可以根据道路情况而实时地完成各种行驶动作。

Stanley 的核心技术——驾驶辅助系统在目前很多高档车上都有所应用，如我们最常见的（防侧滑系统）（ESP），它大大提高了汽车的安全性能，而像大众辉腾汽车装备的 ACC（自适应巡航控制系统）也属于驾驶辅助系统，可以有效防止追尾事故的发生。Stanley 采用的驾驶辅助系统则更为先进，它不仅集成了 ESP 和 ACC，还采用了更多的新技术，这些新技术将最终被用于量产的其他车型。

3. 清华大学的 THMR 系统

在国家 863 计划和国防科工委的资助下，清华大学计算机系智能技术与系统国家重点实验室自 1988 年开始研制清华智能车（Tsinghua Mobile Robot，THMR）系列移动机器人系统。该系统涉及自主式系统、体系结构、传感器信息的获取与处理、路径规划与立体视觉、感知动作、多行为控制、通信与临场感技术等多学科领域。

THMR-Ⅲ系统是在 BJ1022 面包车的基础上改制而成的，集成了二维彩色摄像机、磁罗盘、光码盘、GPS、超声等传感器。计算机系统采用一台 Sun Spark 10、两台 PC-486 和数个 8098 单片机。其中，Sun Spark 主要用于完成任务规划，根据地图数据库的信息进行全局规划，一台 PC 用于视觉信息处理，另一台 PC 用于局部规划、反馈控制及系统监控，8098 单片机用于完成超声波测量、位置测量、车体方向速度的控制。THMR-in 系统的体系结构以垂直式为主，采用多层次感知-动作行为控制方式和基于模糊控制的局部路径规划及导航控制。THMR-Ⅲ涉及直线跟踪算法、白线跟踪算法、连续障碍物跟踪算法、漫游避障、路标识别、视觉神经网络道路识别、道路模糊识别等多种导航算法，在自主道路跟踪时运行速度为 5~10km/h，避障速度达 5km/h。

（二）室内移动机器人

1. 日本本田 ASIMO 机器人

ASIMO 机器人身高 1.2m，体重 52kg。它能够带领客人到达会议室，并完成给客人端上咖啡等动作。它的行走速度范围是 0~1.6km/h，而且行走的范围和步调可调。早期的机器人要想在直线行走时突然转向，必须先停下来，而 ASIMO 机器人就要灵活得多。它采用了先进的 i-WALK 技术，可以实时地预测下一个移动动作并提前改变其重心。这也就使得本田 ASIMO 机器人可以行走自如，实现诸如 8 字形行走、下台阶、弯腰等各项动作。

2. 索尼 AIBO 机器狗

AIBO ERS-7 机器狗，在它的胸部装有距离传感雷达，能够精确感知与外界物体的距离。而且它的关节灵活程度高，能够进行侧向移动。头部有 28 个 LED，用来表示其自身的感情变化，具有发声、声音处理器能力，能够准确录音，并能够分辨外界的声响，包括主人的口令等。

AIBO ERS-7 使用了 576MHz 的 64 位 RISC 处理器，内存为 64MB SDRAM，"眼睛"用 35 万像素的 CMOS 摄像机，而且还带有一个红外线距离感应器，以及加速感应器、振动感应器、静电触感应器等众多的感知"器官"。另外，还具有无线通信能力，支持无线局域网。

AIBO ERS-7 尺寸为 180mm×278mm×278mm，重量大约 1.6kg，采用锂电池组，功耗大约 7W，大约能够连续活动 1.5h，充电时间为 2.5h。

二、移动机器人的驱动与转向方式

轮式移动机构基本上能够满足绝大部分应用场所的要求，广义地说，任何带有轮式移动机构的机械装置如汽车等都属于 WMR 的范畴。轮式移动机构是多种多样的，通常是依据车轮数来分类的，其中被广为研究的有以下几种：

（一）独轮与双轮机构

独轮机构在实现上的主要障碍是稳定性问题尚未解决，因此作为机器人的移动机构几乎没有实用性。但该机构不仅能在平地上行走，还可以在不平整地面及倾斜地面上行走，因此，对其进行直立控制等方面的研究有重要的实用价值。

将非常简单、便宜的自行车或两轮摩托车用在机器人上的试验早已经进行了。但研究人员很容易地认识到双轮机构的速度、倾斜等物理量精度不高，而且双轮机构在制动及低速行走时也极不稳定。目前，许多研究人员正在进行双轮稳定行驶试验等研究工作。例如，装有陀螺仪的双轮车，通过陀螺效果使车体稳定，人们在驾驶该车时，依靠手的操作及重心的移动才能实现稳定的行驶。

（二）三轮机构

三轮机构是 WMR 的基本移动机构，两后轮分别独立驱动，前轮用可以以任意方向滚动的小脚轮（Castor）作为辅助轮而构成，靠两后轮的转速差实现转向。该机构的特点是稳定性好，机构组成简单，而且旋转半径可以从零到无限大任意设定，而且当两驱动轮转速大小相等方向相反时，可实现整车灵活的零半径回转。但是它的旋转中心位于两驱动轮轴线连线的中点处，所以旋转半径即使为零，旋转中心也与车体中心不一致。这种机构是目前应用最为广泛，也是研究得最多的一种移动机器人机构，要解决的主要问题是移动方向与速度的控制。

（三）全方位移动机构

上面所述及的轮式移动机构基本上是两个自由度的，因此不可能简单地实现车体任意的定位与转向。而全方位移动机构能够在保持车体方位不变的前提下沿平面上任意方向移动。目前，应用非常广泛的全方位移动机构普遍采用一种被称为麦卡纳姆轮（Mecanum Wheels）的车轮。这种车轮由两部分组成，即主动的轮毂和轮毂外缘按一定倾斜方向均匀分布的多个被动滚轮。由四个麦卡纳姆轮所构成的典型全方位移动机构可沿任意平面方向灵活运动，尤其具有左右横移和原地仅以自身半径转动的独一无二的功能。但是，麦卡纳姆轮也有一些固有的缺点，如设计和加工比较困难；仅适用于比较平坦的地面，而且行走过程中会产生不可避免的振动；承载能力不强等。

WMR 车轮的形状或结构形式主要取决于地面的性质以及机器人自身的承载能力：在轨道上运行可采用钢轮，室外不平坦路面可采用橡胶充气轮胎，室内平坦路面可采用实心橡胶轮胎。

三、移动机器人的控制

根据 WMR 控制目标的不同，其运动控制问题大致可以分为三类：路径跟随、轨迹跟踪以及点镇定。

（一）路径跟随

所谓路径跟随问题，是指在惯性坐标系中首先设定一条理想的几何路径，然后要求移动机器人以任一初始位姿出发，到达该路径上，并实现跟随运动。移动机器人的起点可以在这条路径上，也可以不在这条路径上。

（二）轨迹跟踪

轨迹跟踪问题与路径跟随问题描述相似，唯一区别在于移动机器人所跟踪的几何路径与时间相关，当然这也是轨迹与路径的根本区别。轨迹跟踪问题一般是通过控制实际移动机器人跟踪理想的虚拟移动机器人来实现。

（三）点镇定

移动机器人的点镇定问题，就是在移动机器人状态空间平衡点的稳定问题。即要求移动机器人从任意给定的初始状态出发，到达一个理想的目标状态，并稳定在所给定的目标点。

路径跟随与轨迹跟踪都属于跟踪问题范畴，区别仅在于描述路径和轨迹的方程是否为时间的函数。但由于目前 WMR 都采用计算机控制，每间隔一段时间进行一次采样，所以路径跟随问题的期望路径方程实质上也是时间的函数，从这个意义上说，路径跟随与轨迹跟踪二者是等价的。因此，实际中 WMR 的运动控制只包括点镇定与轨迹跟踪两种，其本质上同属于控制系统综合问题的范畴，研究的主要内容都是控制器设计问题，即寻求某种控制律，使 WMR 能够跟随某条期望路径或跟踪到某条期望轨迹，或者镇定到某个期望点。但点镇定控制与轨迹跟踪控制根本不同，镇定控制的线速度在到达期望位姿之后要求为零，而跟踪控制的期望线速度始终不能为零；镇定控制的目标点是确定的数值，而跟踪控制的参考轨迹的取值是随时间连续变化的。

第二节　移动机器人的路径规划技术

一、路径规划技术分类

移动机器人路径规划就是在一个存在障碍物的有界空间内，寻找一条从起始点到目标点的无碰最优或近似最优路径。路径规划可以分为三种类型：第一种是基于环境先验完全信息的路径规划，即全局路径规划；第二种是基于传感器信息的不确定环境的路径规划，也被称为局部路径规划；第三种是基于行为的路径规划。

（一）全局路径规划

全局路径规划能够处理完全已知环境中的移动机器人路径规划。当环境发生变化，如出现未知障碍物时，该方法就无能为力了。这种方法主要包括以下几种：可视图法、结构空间法、栅格法和拓扑法等。

1. 可视图法（Visibility Graph）

将移动机器人视为一点，把机器人、目标点和多边形障碍物的各个顶点进行连接，要求机器人和障碍物各顶点之间、目标点和障碍物各顶点之间以及各障碍物顶点与顶点之间的连线，都不能穿越障碍物，这样就形成了一张图，称为可视图。由于任意两直线的顶点都是可视的，显然移动机器人从起点沿着这些连线到达目标点的所有路径均是无碰路径。对可视图进行搜索，并利用优化算法删除一些不必要的连线以简化可视图，缩短了搜索时间，最终就可以寻找到一条无碰最优路径。

2. 结构空间法（Configuration Space）

结构空间是一种数据结构。移动机器人通过该数据结构来确定物体或自身的位姿。基于结构空间的自由空间法的一般步骤为：①建立结构空间，构造自由空间；②确定单元的连通性，将自由空间表示为连通图；③建立搜索树，确定搜索策略；④进行路径优化。结构空间表示法有许多种，最具代表性的是Voronoi图法和四叉树（Quadtree）及其扩展算法。Voronoi图法的基本思想是：首先产生与环境障碍物中所有边界点等距离的Voronoi边，Voronoi边之间的交点称为Voronoi顶点。然后，移动机器人沿着这些Voronoi边行走，不仅不会与障碍物相碰撞，而且一定在任意两个障碍物的中间。四叉树是一种递归网格，首先在移动机器人所处环境上建立一个二维直角坐标网格，然后用大的网格单元对机器人所处环境进行划分。倘若障碍物占用了网格单元的一个元素，则就把这部分分成四个小格子（四叉树）。如果这四个小格子中还有被占据的单元，则递归地对该单元再分割成更小的四个子网格。

3. 拓扑法（Topology）

拓扑法是根据环境信息和运动物体的几何特点，将组成空间划分成若干具有拓扑特征一致的自由空间。根据彼此间的连通性建立拓扑网，从该网中搜索一条拓扑路径，即完成了路径规划的任务。该方法的优点在于因为利用了拓扑特征而大大缩小了搜索空间，其算法复杂性只与障碍物的数目有关，在理论上是完备的。但是，建立拓扑网的过程是相当复杂而费时的，特别是当增加或减少障碍物时，如何有效地修正已经存在的拓扑网络以及如何提高图形搜索速度是目前亟待解决的问题。但是针对一种环境，拓扑网只需建立一次，因而在其上进行多次路径规划就可期望获得较高的效率。

(二) 局部路径规划

1. 人工势场法 (Artificial Potential Field)

最初由 Khatib 提出，这种方法由于它的简单性和优美性而被广泛采用。其基本思想是把移动机器人在已知全局环境中的运动看作一种虚拟的人工受力场中的运动。目标点对机器人产生引力作用，而障碍物对机器人产生斥力作用，引力和斥力的合力控制机器人的运动。该方法结构简单，易于实现，但是这种方法也存在着一些缺点，如：存在陷阱区、在相近的障碍物前不能发现路径、在障碍物前产生振荡以及在狭窄通道中摆动等缺点。针对人工势场法的缺陷，国内外许多专家学者不断寻找新的途径，以克服该方法所存在的弊端，如：李贻斌等结合栅型声呐测试，试图建立一种新类型的势场函数，为距离转换路径寻找算法。董立志等采用预测与势场法相结合的算法解决移动机器人的导航问题，取得了良好效果。朱向阳等通过引入虚拟障碍物使搜索过程跳出局部最优的陷阱，但引入虚拟障碍物可能会产生新的局部极小点，同时也增加了算法的复杂度。基于传感器的模糊控制方法与神经网络控制方法，因其对硬件要求比较高，简单的配置不易使移动机器人实现快速实时的运动规划。

2. 遗传算法 (Genetic Algorithm)

遗传算法是目前移动机器人路径规划研究中应用较多的一种方法。无论是单机器人静态工作空间，还是多机器人动态工作空间，遗传算法及其派生算法都取得了良好的路径规划效果。遗传算法最早由美国 Michigan 大学的 Holland 提出，是模拟生物在自然环境中的遗传和进化过程而形成的一种自适应全局优化概率搜索算法。利用遗传算法优胜劣汰、适者生存的自然选择原理，通过对随机产生的多条路径进行选择、交叉、变异和优化组合，选择出适应值达到一定标准的最优路径。利用遗传算法解决移动机器人的路径规划问题，可以避免烦琐、困难的理论推导，直接获得问题的最优解，但遗传算法运算速度较慢，进化众多的规划要占用较大的存储空间和运算时间。

(三) 基于行为的路径规划

最具有代表性的是美国 MIT 的 Brooks 的包容式体系结构。该方法采用一种类似动物进化的自底向上的原理体系，把移动机器人所要完成的任务分解成一些基本的、简单的行为单元，这些单元彼此协调工作。每个单元有自己的感知器和执行器，二者紧密耦合在一起，构成感知-执行动作行为。机器人根据行为的优先级并结合本身的任务综合做出反应。这种方法的主要优点在于每个行为的功能较简单，因此可以通过简单的传感器及其快速信息处理过程获得良好的运行效果。但这种方法主要考虑机器人的行为，而对机器人所要解决的问题以及所面临的环境没有任何的描述，只是在实际运行环境中通过机器人对行为的选择，达到最终的目标。

二、路径规划技术发展前景

随着计算机、传感器及控制技术的飞速发展，目前移动机器人路径规划技术已经取得了很大进展，研究成果令人鼓舞，但仍不能令人满意，还应在以下几个方面进行研究：

（一）全局路径规划与局部路径规划的结合

全局路径规划技术目前已经取得了丰硕的研究成果，理论研究也已比较完善。但由于是建立在周围环境已知的基础上，因此它所适应的范围相对有限。特别是在具有各种不规则障碍物的复杂环境中，很可能会失去作用。局部路径规划能够适用于环境未知的情况，但反应速度较慢，而且对于规划系统的要求较高。因此，把二者相互结合就可能取长补短，达到更好的规划效果。

（二）智能化方法引入到路径规划

智能化方法通过模拟人的经验或生物的行为而逼近非线性，具有自组织、自学习功能以及一定的容错能力。特别是这些方法与传统路径规划方法相互结合应用于移动机器人的路径规划中，促使了各种方法的融合发展，使得移动机器人更加灵活、更具有智能化。

（三）多传感器信息融合用于路径规划

多传感器信息融合技术能有效地利用多传感器信息，克服单一传感器信息的不完备性和不确定性，能够更加准确、全面地认识和描述被测对象，从而做出正确的规划。多传感器信息融合技术也是智能移动机器人的关键技术之一，国内外许多学者在移动机器人领域对信息融合技术的研究非常活跃。多传感器信息融合方法主要包括加权平均法、Kalman 滤波、Bayes 估计、Dempster Sharer 证据推理、模糊逻辑和神经网络等。

（四）多智能移动机器人系统（足球机器人）的路径规划

随着移动机器人应用范围的不断扩大，移动机器人的工作环境与任务会更加复杂。单体机器人有时很难胜任工作，迫切需要协调作业，即单体机器人的路径规划要与多移动机器人之间很好地统一来实现协调与避碰。因此，多智能移动机器人系统已经成为关注热点。

第三节　移动机器人刚性编队控制与群集运动控制

一、移动机器人刚性编队控制

（一）刚性编队控制的概念

多移动机器人编队行进的过程，实际上就是机器人个体之间的一类基本的运动协调过程。对于每个机器人而言，要设计有效、可行的运动策略，以保证多机器人的运动过程达到良好的稳定性、可靠性与适应性。1998年，美国宾夕法尼亚大学 GRASP 实验室的 Desai 和 Kumar 等人研究了用于控制机器人群以特定队形共同运动的反馈控制律。2001 年，他们又描述了一类配备距离传感器的非完整移动机器人群闭环控制框架。而 Das 等人则建立了一种实用的基于视觉的编队控制系统结构。Das 等人的研究总结了 GRASP 实验室有关多机器人控制系统的各项成果，其中基于视觉的演示系统在多机器人编队研究领域中成为成功的典范。

刚性编队意味着移动机器人在编队运行过程中的相对距离和相对方位夹角保持不变。

（二）移动机器人刚性编队的系统实现

智能体包括三个软件模块：通信、自定位、动作生成（一般意义下，移动机器人的动作生成过程就是其运动控制过程）。移动机器人使用这三个软件模块实现协调运动。实现方法如下：当移动机器人运行时，自定位模块定时对移动机器人内部里程计/GPS 定位系统采样，获取当前位姿信息；随后，机器人通过通信模块将自身位姿信息向机器人群进行广播；同时．通过通信模块接收相关机器人传送的位姿信息；对所需信息进行处理后，通过运动控制模块，确定本机器人为实现协调运动所需的控制输入（速度、角速度），并写入驱动电动机的运动控制器。系统的软件设计部分如图 8-1 所示。

为达到全双工可靠的信道传输，采用了 UDP/TCP 双协议、双通道通信模块设计。如图 8-1 所示，通信模块被划分为 UDP 接收模块、UDP 发送模块、

TCP 接收模块、TCP 发送模块等四个子模块。由于 UDP 协议通信具有无连接、广播式通信、通信速率高的特点，故 UDP 通信模块被用于定时接收和发送机器人位姿信息，以保证控制实时性指标。TCP 协议通信的特点是面向连接，具有可靠的通信质量，故 TCP 通信模块被用于不定时接收和发送机器人之间的对话信息（例如，在某个机器人出现故障时，机器人之间可以通过 TCP 对话完成编队重组），接收控制指令等，以保证可靠通信。这样的双通道（协议）通信模式保证了不同类型的信息在不同的信道中进行交换，减少了信道之间的干扰，提高了通信速率。

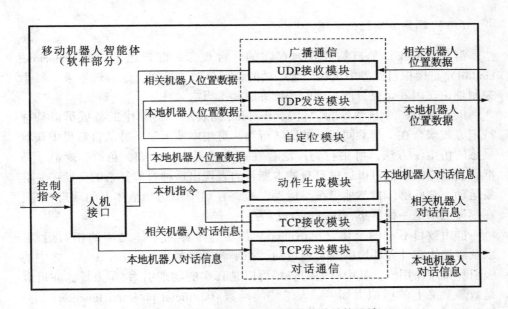

图 8-1　移动机器人智能体内部软件结构设计

智能体机器人系统中的每个智能体都具有感知、决策、运动等多种功能，且需要将这多种功能同步进行，为此，采用多线程技术可以解决系统中多任务并发运行的问题。图 8-1 中，每一个软件模块对应一个线程，由于采用了多线程及其同步技术，六个软件模块（线程）可以保持并发运行，四个通信线程采用基于 TCP/UDP 协议的 Socket 网络编程技术加以实现。图 8-1 所示的软件设计架构和实现方法，适用于所有基于通信机制的多移动机器人协调控制系统。只需改变动作生成（运动控制）模块中的协调控制算法，便可实现不同类型的协调任务。

对于一个多任务、多线程的操作系统，它的每一个应用程序都是一个进程。进程可以创建多个并发的线程，同时进程也以主线程的形式被系统调度。线程是系统调度的一个基本单位。在程序中，线程是以函数的形式出现的，它的代码是进程代码的一部分，并与进程及其派生的其他线程共享进程的全局变量和文件打开表等公用信息。

典型的线程包含一个运行时间系统，可以按透明的方式来管理线程。通常线程的管理包括：对线程的创建和删除，以及对互斥和条件变量的调用等。

二、移动机器人群集运动控制

（一）群集运动控制的概念

群集（flock）是自然界普遍存在的一种现象，群集运动控制（flocking control）是模拟自然界中生物聚合运动的新型分散式控制方法。近年来，群集控制理论在国外研究智能系统的理论界引起了极大关注。

flock 表示一个自然界的"群"，flocking 则表示"群"中的各成员以某种特定方式聚合在一起共同运动的团队行为。群集本质上是一种从自然界中获取灵感的仿生学方法，群集行为广泛存在于自然界中，例如，鱼群、蜂群、鸟群，甚至连蚂蚁都可以通过自身的本能行为表现出这种看似复杂的运动——群集运动。这些群体自然地组织与运动，最终在运动中达到整体上的动态稳定，在广义上都是一种群集（flocking）行为。

群由数目不定的个体（individual）组成。个体与个体之间的相对运动，以及群整体在外界环境中的宏观运动，都来源于势场（potential field）之中的吸引和排斥作用力。其中所谓的势场可以是真实的物理引力/斥力场，亦可以是数学意义上的虚拟力场——人工势能函数（artificial potential function）。势场的不同选择造就了群集行为的多样性。

与基于行为的运动协调算法相比较，群集运动用势场的概念统一了诸如编队保持、奔向目标点、避障等各子行为，使得运动协调的过程更加接近于现实的物质世界；而对势场进行精确量化，能够计算出一定的编队拓扑结构，研究系统的稳定性，使得群集运动成为一种可度量的运动协调模式。相对于个体之间距离与夹角关系固定的 $l-\varphi$ 运动协调模式，以及其他刚性编队（rigid formation）模式，对于群，其内部个体间的队形会根据系统初始状态与外界环境的变化进行实时调整。群集运动灵活的组合形式，使其更能适应真实环境下的任务。这也是其相对于其他模式的优势之一。

国外学者对智能系统中的群集运动理论做了许多卓有成效的研究工作。Reynolds 于 1987 年正式提出了具有以下三个性质的运动着的个体群，都可以称为一个群，群的运动形式称为群集运动。

（1）分离性（separation）：各成员之间避免碰撞。

（2）内聚性（cohesion）：各成员朝着一个平均的位置进行聚合。

（3）排列性（alignment）：各成员沿着一个平均的方向共同运动。

作为群集运动的形式化定义，群中的个体成员均可用 agent 来表示。Tanner、Jadbabaie 与 Pappas 等人立足于群集的概念，构建了基于 agent 的群集运动基本控制律，并分析了多个 agent 在群集运动过程中的稳定性问题。Saber 和 Murray 则提出运用动态图理论解决 agent 的群集运动问题。

多移动机器人的控制问题，是多 agent 控制理论的一个应用方向，因此，基于 agent 的群集运动控制理论，可以拓展到多移动机器人运动控制领域。前人已在 agent 群集运动理论方面做了大量工作，而 agent 群集运动控制理论在移动机器人群控制领域中的应用则是一个新的研究方向。

（二）基于势场原理的移动机器人群集运动

1. 无 leader 群集运动

在一个包含 N 个 agent 的群中，agent 的动力学方程为

$$\dot{r_i} = v_i \quad i = 1, 2, \cdots, N \tag{8-1}$$

$$\dot{v_i} = u_i \quad i = 1, 2, \cdots, N \tag{8-2}$$

式中：$r_i = (x_i, y_i)^T$ 表示 agent i 的位置矢量，$v_i = (\dot{x_i}, \dot{y_i})^T$ 表示 agent i 的速度矢量，$u_i = (u_x, u_y)^T$ 表示 agent i 的（控制）加速度矢量输入，agent i 由 u_i 进行控制：

$$u_i = \alpha_i + a_i \tag{8-3}$$

式中：α_i 是对应于性质（3）（排列性）的控制矢量项，平衡 agent 之间的速度，a_i 是对应于性质（1）（分离性）、性质（2）（内聚性）的控制矢量项，控制 agent 之间的距离。

2. 有序化群集运动

无 leader 的控制策略，各成员的地位是平等的，整体的运动表现出一定的随机性。然而在自然界中，大多数的种群都会有一个或多个 leader 作为领航者。基于这一自然现象，本小节将 leader 引入群集行为中，其他成员都将跟随 leader，按照规划路径进行运动，整个群的行为因而表现得更加有序化。有序化群集运动的实质就是引入 leader 领航机制的群集运动。因此，在这种群集运动模式中，群集运动可分为两部分：leader 的运动和 follower 的运动。一般意义下，leader 的运动是自主的，属于单 agent 的控制问题；而为了构造稳定的

群集运动控制系统，follower 需要服从相应的有序化群集运动控制律，本小节对此加以论述。

多机器人群集系统算法由两部分组成：

（1）基于机器人的群集系统算法；

（2）从机器人到移动机器人的控制转换。

一般意义下，leader 的运动遵循基于势场的目标吸引力原则。N 个 follower 的运动则遵循跟随机器人运动规律。现考虑跟随机器人的 r_i、v_i、u_i 动态方程：

$$\dot{r}_i = v_i \, i = 1, 2, \cdots, N$$
$$\dot{v}_i = u_i \, i = 1, 2, \cdots, N$$

$$(8-4)$$

式中：$r_i = (x_i, y_i)^T$ 表示 follower$i$ 在绝对坐标系下的位置矢量，$v_i = (\dot{x}_i, \dot{y}_i)^T$ 表示 follower$i$ 的速度矢量，而 $u_i = (u_{xi}, u_{yi})^T$ 表示控制量输入。

第九章　机器人在不同领域中的应用

随着机器人的发展，其理论体系日渐成熟，并且，其在多种领域也实现了全方位的应用，不断改变着人们的日常生活。本章试图通过工业机器人、仿生机器人、医用机器人以及家用机器人这四个方面全面阐述机器人在这四种领域中的应用研究情况。

第一节　工业机器人

一、工业机器人的发展

（一）国外工业机器人的发展

工业机器人的研究工作是 20 世纪 50 年代初从美国开始的。日本、俄罗斯、欧洲的研制工作比美国大约晚 10 年，但日本的发展速度比美国快。欧洲特别是西欧各国比较注重工业机器人的研制和应用，其中英国、德国、瑞典、挪威等国的技术水平较高，产量也较大。

第二次世界大战期间，由于核工业和军事工业的发展，美国原子能委员会的阿尔贡研究所研制了"遥控机械手"，用于代替人生产和处理放射性材料。1948 年，这种较简单的机械装置被改进，开发出了机械式的主从机械手。它由两个结构相似的机械手组成，主机械手在控制室，从机械手在有辐射的作业现场，两者之间有透明的防辐射墙相隔。操作者用手操纵主机械手，控制系统会自动检测主机械手的运动状态，并控制从机械手跟随主机械手运动，从而解决对放射性材料的远距离操作问题。这种被称为主从控制的机器人控制方式，至今仍在很多场合中应用。

由于航空工业的需求，1951 年美国麻省理工学院（MIT）成功开发了第一代数控机床（CNC），并进行了与 CNC 相关的控制技术及机械零部件的研究，为机器人的开发奠定了技术基础。

1954 年，美国人乔治·德沃尔提出了一个关于工业机器人的技术方案，设计并研制了世界上第一台可编程的工业机器人样机，将之命名为"通用自动化"，并申请了该项机器人专利。这种机器人是一种可编程的零部件操作装置，其工作方式为首先移动机械手的末端执行器，并记录下整个动作过程；然后，机器人反复再现整个动作过程。后来，在此基础上，Devol 与 Engerlberge 合作创建了美国万能自动化公司（Unimation）。该公司于 1962 年生产了第一台机器人，取名 Unimate。这种机器人采用极坐标式结构，外形完全像坦克炮塔，可以实现回转、伸缩、俯仰等动作。

在 Devol 从申请专利到真正实现设想的这八年时间里，美国机床与铸造公司（AMF）也在从事机器人的研究工作，并于 1960 年生产了一台被命名为 Versation 的圆柱坐标型的数控自动机械，并以 Industrial Robot（工业机器人）的名称进行宣传。通常认为这是世界上最早的工业机器人。

如今，日本已经成为世界上工业机器人产量和拥有量最多的国家。20 世纪 80 年代，世界工业生产技术上的高度自动化和集成化高速发展，同时也使工业机器人得到进一步发展，并在这个时期工业机器人对世界整个工业经济的发展起到了关键性作用。目前，世界上工业机器人无论是从技术水平上还是从已装配的数量上都日趋成熟，优势集中在以日、美为代表的少数几个发达的工业化国家，已经成为一种标准设备被工业界广泛应用。国际上成立的具有影响力的、著名的工业机器人公司主要分为日系和欧系，日系中主要有安川、OTC、松下、FANUC、不二越、川崎等公司；欧系中主要有德国的 KUKA、CLOOS、瑞典的 ABB、意大利的 COMAU 及奥地利的 IGM 公司。

工业机器人已成为柔性制造系统（FMS）、计算机集成制造系统（CIMS）、工厂自动化（FA）的自动工具，据专家预测，工业机器人产业是继汽车、计算机之后出现的一种新的大型高技术产业。

工业机器人的技术水平取得了惊人的进步，传统的功能型的工业机器人已趋于成熟，各国科学家正在致力于研制具有完全自主能力的、拟人化的智能机器人。机器人的价格降低约 80%，现在仍继续下降，而欧美劳动力成本上涨了 40%。现役机器人的平均寿命在 10 年以上，还可能高达 15 年以上，它们还易于重新使用。由于机器人及自动化成套装备对提高制造业自动化水平，提高产品质量、生产效率、增强企业市场竞争力和改善劳动条件等起到了重大的作用，加之成本大幅度降低和性能的高速提升，其增长速度较快。在国际上，工业机器人技术在制造业应用范围越来越广阔，其标准化、模块化、智能化和网络化的程度也越来越高，功能越来越强，正向着成套技术和装备的方向发展，工业机器人自动化生产线成套装备已成为自动化装备的主流及未来的发展方向。与此同时，随着工业机器人向更深更广的方向发展以及智能化水平的提高，工业机器人的应用已从传统制造业推广到其他制造业，进而推广到诸如采矿、农业、建筑、灾难救援等非制造行业，而且在国防军事、医疗卫生、生活服务等领域，机器人的应用也越来越多，如无人侦察机（飞行器）、警备机器人、医疗机器人、家用服务机器人等均有应用实例。机器人正在为提高人类的生活质量发挥着越来越重要的作用，已经成为世界各国抢占的高科技制高点。

（二）国内工业机器人的发展

我国工业机器人起步于 20 世纪 70 年代初期，经过 30 多年的发展，大致可分为 3 个阶段：20 世纪 70 年代的萌芽期，20 世纪 80 年代的开发期，20 世纪 90 年代的实用化期。在高新技术发展的推动下，随着改革开放方针的实施，我国工业机器人在工业自动化的发展进程中扮演着极其重要的角色。为了迅速缩短与工业发达国家的差异，并在高起点的平台上发展我国自己的机器人工业，要积极吸收和利用国外已经成熟的机器人技术，并且要得到国家的重视和支持。

尤其从 20 世纪 90 年代初期起，我国的工业机器人又在实践中迈进一大步，先后研制出了点焊、弧焊、装配、喷漆、切割、搬运、包装码垛等各种用途的工业机器人，并实施了一批机器人应用工程，形成了一批机器人产业化基地。

到目前为止，我国在机器人的技术研究方面已经相继取得了一批重要成果，在某些技术领域已经接近国际前沿水平。比如我国自行研制的水下机器人，在无缆的情况下可潜入水下 6000m，而且具有自主功能，这一技术达到了国际先进水平。但从总体上看，我国在智能机器人方面的研究可以说还是刚刚起步，机器人传感技术和机器人专用控制系统等方面的研究还比较薄弱。另外，在机器人的应用方面，我国就显得更为落后。国内自行研制的机器人当中，能真正应用于生产部门并具有较高可靠性和良好工作性能的并不多。在这方面，北京自动化研究所研制的 PJ 型喷漆机器人是国内值得骄傲的机器人，其性能指标已经与国际同类水平相当，而且在生产线上也经过了长期检验，受到了用户的好评，现已批量生产。

值得一提的是，最近几年，我国在汽车、电子行业相继引进了不少生产线，其中就有不少配套的机器人装置。另外，国内的一些高等院校和科研单位也购买了一些国外的机器人，这些机器人的引入，也为我国在相关领域的研究工作提供了许多借鉴。

二、工业机器人的应用

(一) 用于搬运

是生产工业机器人的最初应用，也是目前为止最广泛的用途之一。得益于机器人速度、精度、稳定性等方面性能的提高，搬运机器人可以搬运的东西越来越多。同时由于机器人系列化的完善，机器人的负载也越来越大，可以满足大部分行业对产品货物搬运的要求。和传统生产线上的机械手相比，工业机器人所占空间更小，工作方式更加的灵活。其中由于六关节机器人定位精度高，动作灵活，广泛应用于机床的上下料，生产线的上下料，和机器人间的对接。现在普遍都为这些机器人加上了视觉定位系统[1]，从而实现自动化、智能化和柔性化生产。并联机器人负载能力较低，但速度极高，因此经常用于生产线上小件零件的上下料和堆放，可以大力提高生产速度。

其中，四轴的码垛机器人具有结构简单、运动稳定、操作简单、负载大等特点，目前码垛机器人的最大负载已经达到了 1 300 kg。而且由于码垛机器人本身的平行四连杆机构，可以保证末端输出盘与地面水平，从而可以保证搬运货品可以平稳码放，因此码垛机器人非常适合用于大批货品的搬运码垛，现在已经广泛运用于各种场合的货品搬运，以降低人的劳动强度，而且极大地提高了生产的效率和速度。

(二) 用于焊接

焊接机器人是目前应用最广泛的一类工业机器人[2]，在各国机器人应用比例中大约占总数的 40%~60%。焊接机器人其实就是在焊接生产领域代替焊工从事焊接任务的工业机器人，这些焊接机器人中有的是为某种焊接方式专门设计的，而大多数的焊接机器人其实就是通用的工业机器人装上某种焊接工具而构成的。现在已经有各种各样的行业开始运用机器人进行焊接。由于机器人的运动较人工更加平稳，因此焊接机器人的焊接质量也较稳定。新型焊接机器人都满足可在 0.3s 内完成 50 mm 位移的最低功能要求，可以在短时间内快速移位，非常适合运用于点焊，可以极大地提高焊接速度，提高生产效率。而且焊接现场一般环境非常恶劣，对人体有很大的伤害，用机器人焊接可以改善工人

---

① 宋华振. 快速发展的工业机器人 [J]. 自动化博览, 2012 (9): 52-54.
② 柳鹏. 我国工业机器人发展及趋势 [J]. 机器人技术与应用, 2012 (5): 20-22.

的劳动条件，保障工人身体健康。现在焊接机器人已经广泛应用于汽车、工程机械、金属结构和军工工业等行业。尤其是在车辆行业中，焊接机器人特别适合车辆行业中的流水线式、大批量的生产模式，现在国内外先进的汽车企业基本上都已经在使用机器人代替人工焊接。

（三）与土建、装修单位的施工配合

（1）为尽早提供工作面给装修单位，做好与装修的配合，根据各种管线位置和各系统需要，与甲方和装修单位协商，合理编排施工顺序和施工计划。机电管线安装时先将影响装修施工的部分，如大风管、主管道、大电缆桥架等先行施工，其他末端小部件可安排与装修交叉作业，以有效利用工作面，为大楼的顺利施工创造有利条件。

（2）机电管线安装后，对于需要隐蔽的管线，应按照施工规范要求进行检测和验收，然后移交给土建或装修单位进行天花等后续工程的施工。工作场所的移交要严格按作业面交接制度，以规范各施工单位间的工序交接。

（3）在机电末端设备（风口、喷头等）施工时，项目部在装修单位天花龙骨施工完成后，在现场悬挂末端设备开孔尺寸和要求，装修单位根据现场提示和各专业天花安装设备的综合布置图进行开孔，确保开孔位置准确，保证天花施工效果。

第二节　仿生机器人

一、国内外仿生机器人的研究现状

仿人机器人的研究始于 20 世纪 60 年代末，距今已有 40 多年的历史，其研究工作进展迅速，如今已成为机器人技术领域的主要研究方向之一。

（一）国外研究现状

美国麻省理工学院人工智能实验室开发的人形机器人 Cog 主要作为研究机器人的头脑智能、认知和感知、手臂的灵活性及柔顺性等的平台，同时也被作为探索人和人工智能等领域的一个平台。

Cog 由头、躯干、胳膊及双手组成，没有腿和柔性的脊柱，安装有一套传感系统用来模拟人的感官，包括视觉、听觉、触觉、本体感受和前庭系统；没有单一集中的控制"大脑",而是一个由不同处理器组成的异种机互联网络控制,个体关节分别由专用的微控制器控制;数字信号处理器(DSP)通过网络对音频和视觉进行预处理。

Cog 的视觉系统模拟装置是双眼结构,眼睛能绕着水平和竖直的轴转动,每个眼睛由两个摄像机组成,广角度的摄像机负责外围视野,窄角度的摄像机负责景物的中心;听觉由类似助听器的一对麦克风来实现,立体声取样频率为 22.05kHz,使用 8 位数据实现;触觉系统由一个传感器矩阵构成,位于躯干的前部,能察觉位置和接触力。

美国波士顿动力公司研制出一款军用机器人 Petman,其是美军仿人机器人中的佼佼者,可像真人一样四处活动,职能是为美军实验防护服装。与之前机器人不同的是,Petman 在无须外部支持的情况下就能站立、行走,并且能自我保持平衡。另外,行走、弯腰以及应对有毒物质等一系列动作对它来说都不成问题。除了灵活度较高外,Petman 还能通过控制自身的体温、湿度来模拟人类生理学中的自我保护功能,从而达到最佳的测试效果。

(二)国内研究现状

哈尔滨工业大学自 1985 年开始研制双足步行机器人,先后研制出双足机器人 HIT-Ⅰ、HIT-Ⅱ和 HIT-Ⅲ。HIT-Ⅰ具有 10 个自由度,重 100kg,高 1.2m,关节由直流伺服电机驱动,属于静态步行。HIT-Ⅱ具有 12 个自由度,踝关节采用两用电机交叉结构,同时实现两个自由度,腿部结构采用了圆筒形结构。HIT-Ⅲ实现了静态步行和动态步行,能够完成前后行、侧行、转弯、上下台阶及爬斜坡等动作。

之后,哈工大机器人研究所与该校机械电子工程教研室合作开发研究具有多种操作功能的双足仿人机器人 HIT-IV,该机器人包括行走机构、上身及臀部执行机构,初步设定 32 个自由度。

国防科技大学于 1988 年成功研制出 6 关节平面运动型双足行走机器人,1990 年又先后研制成功 10 关节、12 关节的空间运动型机器人系统,并实现了平地前进、后退、左右侧行、左右转弯、上下台阶、上下斜坡和跨越障碍物等人类所具备的行走功能。

经过 10 年攻关,该校于 2001 年研制成功我国第一台具有人类外观特征、可以模拟人类行走与基本操作功能的仿人型机器人先行者。该机器人在技术上实现了重大突破,不但有类人一样的身躯、头颅、眼睛、双臂和双足,而且还具备一定的语言功能。

二、仿生机器人的应用研究

（一）空中仿生机器人

空中飞行机器人，即具有自主导航能力的无人驾驶飞行器。与其他类型的机器人相比较，空中飞行机器人由于具有活动空间广阔、不受地形限制、运动速度快等特点，在军事间谍、森林火灾预防以及灾难搜救等领域有着广泛应用前景。

国内研究人员始终关注着空中仿生机器人的发展动态，同时在基础理论和应用上做了大量的研究工作。北京航空航天大学长期从事昆虫飞行理论研究，通过试验观测、理论计算、模拟仿真的方法研究昆虫飞行、悬停、转弯等动作的实现机理，为微型扑翼飞行器的设计提供了理论依据。

南京航空航天大学利用非定常涡格法的计算，通过分析仿鸟复合振动的扑翼气动特性，制作出几种不同大小和形式的仿鸟扑翼飞行器，并于 2002 年首次试飞成功。其最新型号的控制水平与飞行时间，达到与美国 Micro Bat 微型扑翼飞行器同等的技术水平。

西北工业大学研制的扑翼微飞行器样机重约 16.5kg，采用聚合物锂电池做电源，微型电动机做驱动源，碳纤维做骨架，采用柔性机翼，扑翼频率 10.5Hz，可自由飞行 15~21s。

（二）水下仿生机器人

国内外开展机器鱼的研究已经有很长时间了，但对于机器鱼实体的设计则是从 20 世纪 90 年代开始的。随着电子技术与材料科学的发展，机器鱼的设计也越来越成熟。

北京航空航天大学从 1999 年开始研制仿生机器鱼。2002 年，该大学所属机器人研究所研制出 SPC-Ⅰ机器鱼，其目的是为了进行新型水动力布局的游动稳定性研究，以确定机器鱼尺寸和速度的关系。

该机器鱼长约 1.9m，重约 156kg，在频率 2Hz 时最大速度可达 1.5m/s，最小转弯半径为 1 倍体长。北航利用这款机器鱼对太湖水质进行了检测。

2003 年，北航对 SPC-Ⅰ机器鱼进行了改进，研制出 SPC-Ⅱ机器鱼。该机器鱼性能较改进前有所提高，并将其用于郑成功古战船遗址的水下考古探测。

第三节　医用机器人

一、医用机器人的发展历史

医用机器人是机器人科学、数学、机械学、外科、内科及生物医学工程等多学科高科技的结晶，由其作为执行器的导引手术和辅助手术更是集中了当今医学领域的许多先进设备。

（一）数据的获取与图像处理技术

最早在1895年，德国人 W. Rontgen 发现 X 射线，开创了用 X 射线进行医学诊断的放射学——X 射线摄影术，也开创了工程技术和医学相结合的纪元。在 1967—1970 年间，第一台临床用的计算机断层扫描（Computed Tomography，CT）由英国人 Hounsfield 研制成功。

1980年，第一代商用磁共振成像（Magnetic Resonance Imaging，MRI）设备由 Raymond Damadian 等人研制成功。此外还有正电子发射断层扫描（Positron Emssion Tomography，PET）等，以上成像技术可显示组织器官的形态和功能信息，区分正常组织和病变。数字血管减影（Digital Subtraction Angiography，DSA）可用来检查动静脉畸形和血管瘤等病症。另外，计算机断层扫描及血管造影（Computed Tomography Angiography，CTA）和磁共振成像及血管造影（Magnetic Resonance Imaging Angiography）技术进一步推动了临床医学的发展。

（二）医用机器人研究的进展

1993年，日本 H. Narumity 设计研制了一种微机器人系统，用于最小损伤外科脑血管的诊断和手术，该系统集成了触觉、压力传感器及微型喷管和微泵，属于灵巧性机器人。

在 Massachusetts General Hospital 建立了一台 Northeast Proton Therapy center①，该机器人系统主要用质子治疗系统来对癌症进行诊断和治疗。并于

---

① C. Maviridis. High performance medical robot requirements and accuracy analysis. *Robotics and Computer-integrated Manufacturing*，1998（14）：329-338.

1998 年成功地用于病人治疗。

1999 年 FrancoisPicrrot 发明了一种 Hippocrate 机器手臂①，同时考虑计算机软件和机器人自身硬件，并采用力反馈的方法对其控制，进而达到病人对安全性的要求。此外通过该系统的反馈和规定的轨迹进行探测，可以在一个小的区域产生一幅很好的图像，通过 3D 成像就可产生整个器官的外形。并且该系统在法国 Brossais Hospital 成功地得到了应用。

2001 德国 University of Karlsuhe 制造了用于脑颅骨的外科医用机器人，其硬件系统主要有红外线导航系统、铣刀和工业 PC，软件主要是 KasOp 规化系统。

在国内，2000 年，在海军总医院研制成功第一个用于脑外科手术的医用机器人②，并成功对 72 位患者进行了手术。首先是定靶（CT 扫描图像通过扫描输入计算机，屏幕即可显示患者病灶的三维图像）；其次是定标（在计算机上锁定病灶，制订手术方案，设定手术空间，并由机器人模拟空间匹配）；最后实施手术。

目前，计算机辅助技术与机器人技术相结合，在国外很多领域已被应用于临床，并取得了很好的效果。但在国内，实际临床应用成功的范例相对较少。因而随着科学技术的发展，还须在以下领域做深入研究：

（1）多模图像信息的综合、配准。术前图像（如来自 CT 和 MRI 等）和术中信息（如定位器数据和 X 射线投影和超声波图像等）的匹配，术前图像自身的匹配，不同图像及信号与手术系统的匹配等。

（2）高精度定位系统的发展。对于机械手定位，存在手术中比较笨拙、机械手压力可使数据发生变化、固定装置和制动器位移易产生误差等问题。超声波定位易受温度、空气位移、空气非均匀性等的影响比较大。电磁定位系统受金属植入的影响较大。目前激光定位虽然精度高、处理灵活方便，但价格昂贵，受周围光和金属物体镜面反射的影响比较大。

（3）虚拟现实技术的应用，使医生似置身其中，易用于培训外科医生。

（4）Picture Archive and Communication System 技术与计算机辅助外科相结合，实现远程外科手术。

---

① P. Francois. Hippocrate：a safe robot arm for medical applications with force feedback. *Medical Image Analysis*，1999，3（3）：285-300.

② 乔天富，吉尔．中国机器人初显身手．中国科技画报，2000（7）：52-53.

二、医用机器人的应用研究

（一）医用外科机器人的应用研究

医用外科机器人是医疗器械与信息技术、微电子技术、新材料技术、自动化技术有机结合发展形成的一种新型高技术数字化装备。在精确定位、微创治疗方面发挥了重要优势，是医疗器械中带有前瞻性的发展领域。

另外，外科手术的世界性发展趋势是微创化，而外科的微创化不仅指某种或某几种具体的微创手术技术，更是贯穿整个临床实践的理念，是将来外科治疗操作中的指导思想。医疗外科机器人与计算机辅助手术的开发为外科手术模式带来了革命性的改变，它是现代医学、信息技术以及智能化工程等诸多领域的结晶。目前，国外计算机辅助技术和机器人技术相结合已经在很多领域被应用于临床并取得了良好效果，医用机器人已成功应用到脑外科、神经外科、整形外科、泌尿科、耳鼻喉科、眼科、骨科（脊椎、髋骨、膝关节切除等）、腹腔手术、康复训练等众多领域中。

但在国内，实际临床应用成功的范例较少，相关工作也仅处于起步阶段，还需在以下领域继续做深入研究。①虚拟现实技术的应用：使医生更有身临其境的真实感觉，并应用于外科医生的培训。②高精度定位系统的研究：目前无论是机械臂定位系统，还是基于光学导航的定位系统，都存在着精度不足、装置笨重、体积较大、价格昂贵等不足，高精度定位系统的开发对于提高手术质量、改进外科机器人有着积极意义。③远程操作外科机器人的开发：中国地广人多，许多偏远地区患者难以得到及时救治，远程操作外科机器人的开发和应用将成为解决现实医疗问题的重要手段。

另外，新型外科机器人机构、新型手术工具、智能传感器等相关技术的开发仍将是未来外科机器人研究的热点和重点。相信随着科学技术的不断发展，外科机器人必将为外科手术模式带来一场新的革命。

（二）医疗康复机器人的应用研究

随着人们对医疗健康手段和过程提出的精准、微创、高效及低成本等方面的更高需求，医疗康复机器人技术也获得了各国的极大关注，并得到了日新月异的发展。目前医疗康复机器人主要用于外科手术、功能康复及辅助护理等方面，但随着重要技术的突破和进展，未来机器人技术有可能会应用到医疗健康的各个领域。医疗康复领域越来越倾向于人与机器自然、精准的交互，近年来，以人的智能和机器智能结合及人机交互为代表的技术突破使得人与机器之间的结合越来越紧密，借助人机交互技术和方法，将人的智能和机器智能结合起来，使二者优势互补、协同工作，并将在医疗康复方面孕育出重大的理论创新和技术方法突破。

目前，我国在外科手术机器人及康复/辅助机器人技术领域已经取得了一些突破和进展，但这些机器人系统离临床应用还有一定的差距，手术和康复机器人系统的性能、安全性及可靠性等方面仍需进一步的改善与提高。为了提高我国手术和康复机器人系统的性能，需要重点突破一批核心关键技术，特别是在机器人机构学、动力学、环境适应技术等方面的研究，开发一批新型感知觉传感、电机、减速器等关键核心部件；在脑/肌电信号运动意图识别、多自由度灵巧/柔性操作、基于多模态信息的人机交互系统、感知觉神经反馈、非结构环境认知与导航规划、故障自诊断与自修复等关键技术方面实现突破，为智能医疗康复机器人系统的人机自然、精准交互提供共性支撑技术。另外，由于医疗康复机器人的应用环境是医院或家庭，因此机器人研发科学家和工程师应积极与临床外科手术及康复医师积极合作与配合，根据医疗手术和康复的真实临床需求，研发实用、可靠、安全、好用的智能医疗康复机器人系统。

第四节 家用机器人

一、家用机器人的发展

（一）家用机器人的国外发展

日本长期坚持仿生、拟人的发展路线，投入大量的精力进行拟人及仿生机器人的研发，甚至 20 世纪 80 年代就明确将"能够在生活中与人共处的机器人"作为具有重大社会意义的研发目标写入国家层面的路线图计划中。

爱宝上市后拟人机器人的概念迅速吸引了来自全球的目光。在其鼓舞下，本田、丰田、松下等公司迅速跟进，每年都投入上亿的资金研发智能型的家用机器人。这些产品集合了各种先进科技，会走、会跳舞、会判断环境、会与人交流。最新的实验室产品甚至具有以假乱真的人类外形以及察言观色的沟通能力。

日本东京大学和丰田汽车公司等机构联合开发出了一种 AR（Assistant Robot）机器人，这是一种家务帮手机器人。AR 拥有与人类接近的身高，可以根据衣物的褶皱将衣物分开并投入洗衣机，开启洗衣机上的启动洗衣按钮。AR 还可以送餐，拖地，能帮助家庭主妇和老龄家庭减轻家务负担。Pepper 是全球首次配备情感识别功能的机器人，由日本软银集团和法国 Aldebaran Robotics 研发。Pepper 配备了语音识别技术、呈现优美姿态的关节技术以及分析表情和声调的情绪识别技术，可与人类进行交流。

日本机器人技术的迅猛发展得益于产学官的联合。为了加强大学及独立研究机构与产业界的合作，日本政府推出了"产业集群"以及"知识密集区"建设计划。

日本政府还支持大学建立知识产权部、技术转移中心等，促进技术的商业化。政府一贯将机器人技术列入国家的研究计划和重大项目，以工业机器人、仿人娱乐机器人为突破口，采用模块化和标准化道路，推进服务机器人的产业化。

2. 家用机器人在美国的发展

美国机器人发展起步早，是在服务机器人产业化方面做得最好的国家。

2002 年，以军用机器人起家的 iRobot 公司推出了划时代的家用清洁机器人产品 Roomba。尽管功能非常单一，但 Roomba 的突破性在于其完美实现了低廉成本同有效功能之间的统一。Roomba 在商业上取得了巨大的成功，但其本身只是一个不成熟的技术同简单的功能相妥协的产品。

一些反应敏锐的 IT 巨头开始凭借自己在 IT 技术上的雄厚实力，试图在核心软件这一更高层次占据先机。他们通过制定标准、统一平台、开展基础研发等战略行为来抢占未来市场空间。其中，比较典型的有微软和谷歌公司。自 2013 年下半年以来，谷歌更是集中收购了九家机器人公司，可见谷歌对机器人项目的重视。2010 年，从谷歌分离出的 Willow Garage 公司也推出了自己的 ROS 操作系统，并迅速占据了相当高的市场份额。

在 2009 年美国机器人路线图计划中，把家用机器人定位为解决老龄化、医保等重大社会问题的突破口。他们认为未来家庭服务机器人有可能如同互联网、手机一样深度介入我们的生活，发展出一个庞大复杂的产业系统，甚至会深刻改变人类社会的形态。

3. 家用机器人在韩国的发展

韩国政府曾在 2008 年 3 月制定了《智能机器人促进法》，2009 年 4 月公布了《智能机器人基本计划》。通过这一系列积极的培养政策和技术研发上的努力，韩国国内机器人产业竞争力已得到逐步提升。韩国知识经济部发布了韩国实现成为世界三大机器人强国目标的方案——《服务型机器人产业发展战略》。希望通过开创新市场来缩小与发达国家 2.5 年的差距，提出到 2018 年加强机器人产业全球竞争力的方案。计划通过该战略让 2009 年仅为 10% 的世界机器人市场占有率到 2018 年提升至 20%。

通过这一系列积极的培养政策和技术研发上的努力，韩国国内机器人产业竞争力已得到逐步提升，出现了一批具有全球影响力的机器人公司。

韩国机器人发展突出了服务机器人与网络相结合，并且把服务型的机器人产业作为 "839" 战略计划的重要组成部分，且被列入将在 21 世纪推动国家经济快速增长的十大引擎产业之一。

（二）家用机器人的国内发展

我国在服务机器人领域的研发与日本、美国等国家相比起步较晚。虽然我国在 20 世纪 90 年代中后期就已经开始了服务机器人相关技术的研究，但是我国服务机器人市场从 2005 年前后才开始初具规模。

2012 年 5 月，科技部主持召开了中国机器人产业推进大会，会议明确提出把家用服务机器人作为未来优先发展的战略技术，这使得我国的家居服务机器人的发展有了很大提高，服务机器人产业将会成为我国新的经济增长点。

对于中国发展家用机器人，本书给出了如下建议。

1. 进行模块化结构的研究

我国机器人产业起步较晚，一些从事家用服务机器人制造生产的企业单位基本上还是处于发展初期。一些技术只是处于研发阶段或者进行试验，并没有能够独立自主的生产出有鲜明特色的家用机器人，为了能够提高企业的竞争力和机器人的科技含量，我们需要对家用机器人进行整体模块化的研究。

2. 关注家用机器人产业市场

家用机器人产业要发展就需要相关的产业链。在这个产业链中，主要有软件市场和传感器市场。要想在这个市场上占据一席之地，把握好家用机器人的产业方向，就需要对软件市场的方向把握准确。而在家用机器人的元器件中，核心的传感器大部门依赖进口，而且价格不菲，而且核心技术发达国家不会传授给我们，这也制约了我们的发展。

3. 加强产学研之间的结合

要想提高我国机器人的技术水平，就要促进大学的学术研究和企业的生产相结合，双方技术共享，信息互通。共同开发各功能模块部件，国家要鼓励大学或研究单位将科技成果产业化，加强产学研结合，共同促进我国家用机器人的发展。

二、家用机器人的应用

（一）家居智能方向

1. AR

日本东京大学和丰田汽车公司等机构联合开发的"AR"机器人拥有与人类接近的身高——155cm，重130kg，她的头部装有五台照相机以确定家具的位置，通过底部的滚轮行走。AR可以根据衣物的褶皱将衣物分开并投入洗衣机，并按下洗衣按钮。AR还可以送餐、拖地。AR在收到用户发出的指令后通过装载的计算机自行完成动作任务，不需要人类，主人只要在出门前对机器人发出指令，机器人就可以独自干活了。研究人员表示将对AR机器人加以完善，并尽早投入市场，以帮助家庭主妇和老龄家庭减轻家务负担。

2. 可佳

中国科技大学研制的机器人"可佳"拥有灵敏的视觉，可以对图像进行观测和处理。"可佳"还有灵活的双手，通过控制软件，完成物体的抓取，并可以完成倒水等高难度动作，可佳对手抓取物体的力道控制也很精密。可佳可以识别和完成人发出的指令，也可以与人对话。最让人称奇的是机器人可佳的自主能力。当可佳面对没有执行过的指令时，会给人进行反馈，人只要告诉它下一步动作，它便会执行。同时，可佳拥有"阅读"学习的能力，当人下达上网搜索说明书并使用微波炉加热食物的指令后，它可以自行下载对应型号的产品说明书，阅读完后便学会了微波炉的使用方法，从而对食物进行加热。

（二）家庭教育娱乐方向

1. 爱宝

机器狗爱宝是用来设计与人类做伴的。在爱宝的体内，有一片极小的晶片，即索尼（Sony）专利的记忆棒（memor sticks），它赋予机器狗以人的智慧。所以，爱宝能够自我思考以及学习，通过不同的经验，爱宝能够将资料搜集以及存储，有助于其成长并慢慢走向成熟。同时，爱宝具备的"自行充电功能"能让用户省心惬意。另外，如果用户精于计算机编程，还可以为它设计一些新的动作，如挠痒解闷、摇尾乞怜、打滚撒娇等。若是支持无线通信功能，用户还可以使用"AIBO HANDY VIEWER"，利用显示在画面上的文字确认爱宝的心情等。不过，爱宝机器人只生产了五代，索尼公司便停止了对它的进一步开发。

2. PapeRo

PapeRo（Partner-type personal Robot）是一款由 NEC 公司开发生产的伙伴型机器人。PapeRo 具有语音识别、与人对话交流、文字识别、避障行走、浏览互联网信息、跳舞表演、闹钟等功能。Pape-Ro 采用 Intel Pentium Ml. 6GHz（Dothan）处理器作为机器人的"大脑"，这是机器人的核心控制单元。机器人装有多种传感器，具体包括：机器人双眼的 CCD 数码相机，它不但能够捕捉到逼真、实时的图像，还能够对这些图像进行识别；机器人身上的超声波传感器，能够检测出障碍物的距离信息，并与视觉数据配合使用，可以实现机器人的自由避障行走；机器人头部有触觉传感器，一旦机器人感受到人的抚摸时，通过控制脸部的 LED 灯就可实现机器人表情的变化。

参考文献

[1] C. Maviridis. High performance medical robot requirements and accuracy analysis. *Robotics and Computer-integrated Manufacturing*, 1998 (14): 329 -338.

[2] P. Francois. Hippocrate: a safe robot arm for medical applications with force feedback. *Medical Image Analysis*, 1999, 3 (3): 285-300.

[3] 敖荣庆. 伺服系统 [M]. 北京: 航空工业出版社, 2006.

[4] 蔡继祖, 陈键. 基于运动控制器的伺服电机同步控制插补算法改进 [J]. 广东工业大学学报, 2008, 25 (3): 70-72.

[5] 蔡自兴. 机器人学 [M]. 北京: 清华大学出版社, 2000.

[6] 曹其新, 张蕾. 轮式自主移动机器人 [M]. 上海: 上海交通大学出版社, 2012.

[7] 陈金宝. ROS 开源机器人控制基础 [M]. 上海: 上海交通大学出版社, 2016.

[8] 陈万米. 机器人控制技术 [M]. 北京: 机械工业出版社, 2017.

[9] 程磊. 移动机器人系统及其协调控制 [M]. 武汉: 华中科技大学出版社, 2014.

[10] 丁学恭. 机器人控制研究 [M]. 杭州: 浙江大学出版社, 2006.

[11] 过磊. 机器人技术应用 [M]. 北京: 北京理工大学出版社, 2016.

[12] 侯虹. 采用模糊 PID 控制律的舵机系统设计 [J]. 航空兵器, 2006 (2): 7-9.

[13] 蒋志坚. 移动机器人控制技术及其应用 [M]. 北京: 机械工业出版社, 2013.

[14] 柳洪义, 宋伟刚. 机器人技术基础 [M]. 北京: 冶金工业出版社, 2002.

[15] 柳鹏. 我国工业机器人发展及趋势 [J]. 机器人技术与应用, 2012 (5): 20-22.

［16］罗艺方．机器人学［M］.广州：华南理工大学出版社，2004.

［17］（美）克来格.机器人学导论.第3版［M］.负超，等，译.北京：机械工业出版社，2006.

［18］（美）马娅·马塔里奇（Maja J. Mataric）.机器人学经典教程［M］.李华峰，译.北京：人民邮电出版社，2017.

［19］戚海永．机器人应用基础［M］.徐州：中国矿业大学出版社，2013.

［20］乔天富，吉尔．中国机器人初显身手.中国科技画报，2000（7）：52-53.

［21］屈印，沈为群，宋子善．基于专用PWM控制器的直流伺服位置系统［J］.微计算机信息，2005（22）：59-61.

［22］（日）大熊繁．机器人控制［M］.卢伯英，译．北京：科学出版社，2002.

［23］（日）雨宫好文，（日）大熊繁．机器人控制入门［M］.王益全，译．北京：科学出版社，2000.

［24］尚博库．机器人学导论［M］.哈尔滨：哈尔滨工业大学出版社，2017.

［25］宋华振．快速发展的工业机器人［J］.自动化博览，2012（9）：52-54.

［26］陶泽勇，沈林勇，钱晋武．下肢步态矫形器轨迹控制设计［J］.机电工程，2009，26（5）：1-3.

［27］王仲民．移动机器人路径规划与轨迹跟踪［M］.北京：兵器工业出版社，2008.

［28］谢广明，范瑞峰，何宸光．机器人控制与应用［M］.哈尔滨：哈尔滨工程大学出版社，2013.

［29］徐振平．机器人控制技术基础［M］.北京：国防工业出版社，2016.

［30］薛子云．混联机器人运动控制技术研究［M］.北京：中国农业出版社，2017.

［31］（意）布鲁诺·西西里安诺（Bruno Siciliano），等．机器人学建模、规划与控制［M］.张国良，曾静，陈励华，敬斌，译.西安：西安交通大学出版社，2015.

［32］张铁，谢存禧．机器人学［M］.广州：华南理工大学出版社，2001.

［33］张宪民，杨丽新，黄沿江．工业机器人应用基础［M］.北京：机械工业出版社，2015.

［34］赵一帆．移动机器人实验教程［M］.昆明：云南大学出版社，2014.